TREATMENT OF GOATS

ヤギの診療

著　寺島 杏奈

監修・挿絵　内田 直也

協力　根間 祐樹

やぎさんやぎさん
きょうは1日なにしたの？
はっぱをもぐもぐたくさんたべた？
ひろい野原であそんだの？
けんかしたあのこと
なかなおり？

ぐっすりきょうもねむるのよ

めーめーめー

日々のくらしのちいさなしあわせ

うつろうこのふたしかな世界で
わたし、あなたと
約束するの

あしたまたげんきで会おうね！

言葉がなくてもわかることがある
言葉がないからわかることもある

あなたと、わたし
やさしく、つよく、きぼうをつくる

目次

第3章　よくあるヤギの病気と診療20 ……… 99

第4章　獣医師が知っておきたい
ヤギに関する法律

第 1 章

ヤギの一般知識

第1節　ヤギの一般知識

　ヤギは古くから家畜化された動物の一つで、世界中で飼育されています。

　現代の日本ではヤギは乳用や肉用などの家畜としての飼育だけではなく、その穏やかな性質から伴侶動物として人々と生活を共にし、学校や病院での動物介在活動、アニマルセラピーなどでも活躍しています。また、ヤギはその食性を活かし除草や耕作放棄地の整備など新たに活躍の場を広げています。[1] [2]

ヤギ（学名Capra hircus）

・分類

　偶蹄目　反芻亜目　ウシ科ヤギ属

・用途

　家畜（乳用、肉用、皮革用、毛皮用、肥料採取用、実験用、など）

　伴侶動物

　その他（動物介在活動、除草）

・性質

　温順で好奇心が旺盛

　ヒツジより群れる習性は弱く自立心が強い

　ただし、群れの中の順位ははっきり決まっている

・食性

　食性の幅が広い（ウシやヒツジが好まない野草・雑草・

樹葉・有棘植物・灌木などを食べることができる）[1]

日本で見られる主なヤギの種類：[3]
・日本ザーネン種（Japanese Saanen）　雌は乳用、雄は肉用
・ヌビアン種（Nubian）　主に乳用種（肉用　皮としても利用）
・ボア種（Boer）　肉用種
・アルパイン種（Alpine）　乳用種
・シバ山羊（Shiba Native goat）　日本在来種　肉用・実験用
・トカラ山羊（Tokara Native goat）　日本在来種　肉用・伴侶動物として利用
・交雑種（沖縄では島ヤギと呼ばれている）　肉用・乳用・伴侶動物など、大きさや特徴によって様々な用途

第2節　宮古島のヤギ

宮古島でのヤギの暮らしをご紹介します。

1.家畜としてのヤギ　宮古島の食文化

　宮古島ではヤギを食する文化があり、畜産で飼育されている方は、乳ではなく肉の生産の為に飼育している方がほとんどです。宮古島では、宮古味噌でヤギを炊く、ヤギ（ヒージャー）汁があります。宮古味噌と最後にのせるヨモギ（フーチバー）でヤギがとてもおいしくいただけます。

2.伴侶動物としてのヤギ　ヤギとお散歩

　宮古島は、気候が温暖で1年中青草が生える土地です。ヤギをお庭で伴侶動物として飼育されている方もいらっしゃいます。ヤギは慣れれば飼育者の方とお散歩が楽しめます。飼育者の方で、ヤギとお散歩がしたいという方がいましたら参考にしてみてください。

　準備するもの　犬用の首輪、リード
　普段から犬用の首輪を装着しておき、犬用のリードを付ければすぐにお散歩に出発できます。子ヤギなど成長期のヤギに首輪を装着する際は、成長とともに首輪がきつくなり首が絞まっていくことがありますので、注意して随時確認しましょう。

（1）性格を見極める

　ヤギの性格は人と同じでそれぞれ千差万別です。同じようにお世話をしても、元々の性格で、お散歩が難しいヤギもいます。私も牧場のヤギたちを1頭ずつお散歩に連れ出してみましたが、牧場の中では仲良くすることができても、外に出るとこわがりで神経質なヤギもいましたし、頑固で座り込んで立たないヤギや、運動能力がとても高く、走ったりジャンプしたりでお散歩どころではなくなるヤギもいました。ヤギの個性を受け止め、ヤギと関係を築きながら、そのヤギが一緒にお散歩を楽しめるヤギなのか見極めてください。くれぐれも無理はしないようにしましょう。

（2）お散歩に向いている場所

お散歩中のヤギは大きな音や車を怖がるので、ヤギも人ものんびりできる道を選んでください。その為、街中や人や車通りの多い道は避けましょう。また、犬のお散歩と違い、ヤギは草をもぐもぐ食べながらのお散歩になりますので、ヤギの食べられる草木が生えた道だとヤギも楽しめるのではないかと思います。ただし、お散歩道の途中の畑や花壇などの植物を食べてしまわないように気を付けてください。

（3）日頃からヤギとコミュニケーションをとって仲良くなろう

お散歩をするにせよしないにせよ、ヤギと日頃からコミュニケーションをとり仲良くなっておくことは、病気の早期発見、治療時にもとても大切です。ここでヤギと仲良くなる基本のことをお話したいと思います。

ヤギは、子ヤギの時に人工哺乳で育てるととても良く慣れて、伴侶動物として育て易くなります。しかし、人工哺乳ではなくても子ヤギに毎日声をかけてあげる、なでてあげる、ブラッシングをしてあげるなどのコミュニケーションをとると仲良くなることができます。また、配合飼料を食べるようになったら、毎日初めの一口は手差しであげるなど、ごはんで仲良くなる方法もあります。お家に来たのが大人になってからのヤギでも、ブラッシングや声掛け、ごはんでのコミュニケーションで徐々にヤギ・人間関係を築くことができます。時間をかけてゆっくりお互い知り合いましょう。

3.動物介在活動　子どもとヤギのふれあい教室

　ヤギやウシの多い宮古島でも、町に住んでいるとこうした動物となかなか触れ合う機会がありません。しかし、土曜日や日曜日には牧場に車でヤギを見に来るご家族や、公共施設では、飼育されているヤギに会いに行くのが子どもたちに人気です。このような場所は、近隣の保育園や幼稚園のお散歩コースになっておりヤギとのふれあいを望む声が多く聞かれました。そこで、ヤギのふれあい教室を実施しました。

（1）準備
　家畜防疫の観点から、牧場に入る際には、靴底を消毒してもらい、また参加する先生や子どもたち自身の健康を守る為、はじめと終わりには手を洗い消毒をしていただきました。ヤギにも負担がかからないように、人に慣れているヤギを複数頭準備をして、1頭に負担が重くかからないようにしました。保育園側では保護者への説明、アレルギーなどの有無を事前に確認していただくことも必要だと思います。

（2）活動の内容
　はじめに牧場の周りで一緒にヤギが好きな草を探して、子ども達に自分で摘んできてもらいました。その後、まずはヤギにそっと近づいてみて、慣れてきたら体にそっと触ったり、自分で摘んだ草をヤギにあげたり、聴診器を使って、ヤギの心臓の音を聞いてもらいました。ヤギは体の大きさや穏やか

な性質から、このような動物と子どもたちとのふれあいの場や、動物介在療法や教育の場で今後一層活躍していく大きな可能性があると私は思っています。

4.除草用のヤギ　宮古島での実例

　ヤギの運動能力や食性を活かして、近年ではヤギのレンタル除草という事業もあります。宮古島で実際に牛農家さんの牛舎の裏の斜面を、ヤギ2頭のレンタルを行い除草しました。その結果、ヤギの除草は、斜面やいろいろな草が混在している荒地などでは、ヤギはあっという間に目立った草を食べてくれることがわかりました。ヤギは斜面など機械が入りづらい場所でも、蹄の構造から斜面や崖を登ることが得意なので難なく草を食べることができます。以上のことから、荒地の除草の最初の整備としてヤギの除草は良いかと思います。

　しかし、継続的なお庭の手入れとなると、ヤギは好きな草を選り好みして食べる、もしくは同じ草しか生えてないと好き嫌いをして食べなくなるので、ある程度の維持はできますが、機械や人の手のようにきっちりきれいにはいきません。宮古島でヤギの飼育と一緒にニワトリを飼育されているお家があり、そのお庭は、ヤギが大きな雑草や、木の葉を食べ、ニワトリが土際の細かい雑草を食べるのでとてもきれいに維持されていました。

　このように、ヤギの除草は有利な所と不利な所があります。機械や人が苦手な場所はヤギに任せて、完全な除草が必要な場所は人力で行うことや、他の動物を組み合わせることによっ

て、ヤギは様々な場所の整備・維持に活かされてくるのでは
ないかと思います。

参考文献

1) 中西良孝　編集 (2014)：シリーズ＜家畜の科学＞3　ヤギの科学,
　　p 1-10,　p 36-37, 朝倉書店.

2) 独立行政法人　家畜改良センター長野牧場業務課　編集協力：
　　ヤギってどんな動物？,　社団法人　畜産技術協会.

3) 独立行政法人　家畜改良センター茨城牧場長野支場（2020年最
　　終更新）：山羊の種類, インターネットホームページより　2022
　　年2月1日参照.

http://www.nlbc.go.jp/nagano/kachikubumon/yagi_syurui/

第 2 章

ヤギの診療技術

第1節　捕獲と係留

　ヤギの飼育は放牧、小屋で単頭飼育、多頭飼育、野外にてロープで係留するなど、様々な方法があります。伴侶動物として飼育されている場合や単頭飼育で人に慣れているヤギは診療の際に捕獲するのは容易ですが、放牧されている場合や小屋の中で複数のヤギを飼育している場合は捕獲が難しく、捕獲の技術が必要になります。

　捕獲を容易にする為に、飼育者には予め犬の首輪やロープで作成した首輪を装着してもらうことや、日頃からヤギに触れることで必要な時に捕まえられるように馴らしてもらうことも大切です。

1.捕獲する方法

（1）追い込む

　ヤギの小屋や放牧地の角などに数名で追い込む捕獲法です。両手を広げて、ヤギの行く手をふさぎ徐々に追い込んでいきます。小屋や放牧地の角に追い詰めたらロープを首にかけて捕獲します。

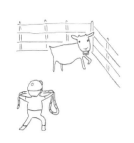

（2）釣り竿を使用する

　釣り竿の先端にロープを巻き付けて輪を作り、ヤギの首に輪を通して捕獲

する方法です。釣り竿の長さの分だけ距離をとって捕獲することができます。ヤギの走る方向に輪を差し出しくぐらせます。

(3) 好きな餌で呼ぶ

配合飼料やヤギの好きな餌を持ち、近くに集まってきた所をそっと捕まえます。

2.係留する方法

犬や猫などの小動物は診察台の上で人の保定によって動物を不動化し診療を行いますが、ヤギの診療では、ロープで繋ぐことによって不動化します。

(1) 簡易頭絡のかけ方

＊必要な道具　ロープ・頭絡・首輪

・簡易頭絡のやり方と繋ぎ方

1. 端が輪になったロープを首に掛けます。

2. ロープの端を顔の前を通して反対側に入れます。

（2）係留（保定）の仕方

　まずヤギの頭に簡易頭絡をかけます。次にロープの端を柵などの固定物にかけ、ヤギの頭と固定物を引き寄せ固定します。この時、ヤギの頭と固定物の間に隙間がないように結ぶことが大切です。

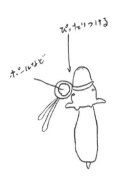

　その後、可能であれば飼育者にヤギの体を壁に押し付けるように立ってもらいます。注意点として、固定物とヤギの頭の間にゆとりがあると、ヤギが暴れて、診療ができないばかりか人のケガにもつながります。固定される柵とヤギの頭は必ずぴったりとくっつけましょう。

　ヤギを繋いだロープを柵などの固定物に縛る際は、引くと締まる「巻き結び」を用います。また、ヤギの首輪を作る時や体に直接巻く時は結び目が締まらない「もやい結び」を用います。

①巻き結び（締まる輪を作る時）
・特　　徴　引くと締まるので、一時的にヤギを係留する時に用います。簡単に速く結べるので、繋いだりほどいたりする場合に用います。動かすと徐々に緩むので、長時間の係留には向きません。
・使用例　診療時の係留

 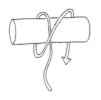 

1. ロープを手前か　　2. 長い方の上を通す　　3. 奥にかける　　4. 2の下を通す
　ら奥にかける

②もやい結び（締まらない輪を作る時）

・特　徴　ほどけず、締まらず、外したい時に外せる、ほ
　　　　　ぼ万能の結び方です。締まらないので体に直接
　　　　　巻く場合などに用います。

・使用例　首輪を作るとき　係留するとき

1. 普通に結ぶ　　2. 短い方を引く　　3. 長い方の後ろを　　4. 3の穴に戻す
　　　　　　　　　　　　　　　　　　　回す

第2節 治療の基本手技

1.注射法

（1）皮下注射

肩甲骨の前縁の頸のあたりの皮膚を
つまみ、針を刺入し薬剤を注入します。

＊使用するもの　21G針、シリンジ

（2）筋肉注射

頸の筋肉部位に針を刺入し、注射器
の内筒をひいて血液が戻ってこないことを確認し、薬剤を注
入します。

＊使用するもの　21G針、シリンジ

皮下及び筋肉注射
する場所

（3）静脈注射・採血・留置針挿入

　ヤギから採血や静脈点滴をする際には頸静脈から行いま
す。ヤギの頭が動かないように、ヤギを縛っているロープと
結ぶ柵に隙間ができないよう、やや上向きにして縛ります。
頸静脈は鎖骨乳突筋と胸骨下顎筋の間の皮下にあります。手
で触ってみると筋肉が終わりくぼんでいる所に頸静脈があり、
親指で肩側をしっかり押さえると、静脈が怒張し細いホース
のような血管が浮き出てきます。[1]

　状況によってどちらから刺しても問題ありませんが、下か
ら上の方が簡単です。血液は図の上から下に流れていますの
で、採血の際は下から上、留置針を入れる時は上から下に刺

すと血流を阻害しません。留置針を用いて補液をする時は、上から下に針を刺し、補液管を頭絡に固定すると外れにくいです。

　＊使用するもの　　18G注射針　14G留置針　シリンジ

採血時は下から上に針を刺
すことが多い

留置針をいれる時は上から
下に針を刺すことが多い

参考文献

1) 青木　真理（2015）：牛の結び方　畜産に関わるロープワーク集，p36-37，酪農学園大学エクステンションセンター．

2.食道カテーテル挿入法

(1) 経口食道カテーテルの挿入方法

　第一胃からガスや液体を抜く時や大きめの子ヤギにミルクを強制給餌する時に経口食道カテーテルを挿入します。

　＊使用するもの
・網入りの水道用ホース9.5mm～13.5mm（網が入っていないとかみ切られる可能性があります）
・ホースの口径に合うボトル

接着剤用、
ドレッシング用などの
ボトルを使用する

①ヤギを保定する。

　ロープで首が絞まっているとホースが入らないので注意してください。

　なるべく頭を起こして（通常の姿勢で）行ってください。飲み込み易く嘔吐による誤嚥を最小限にします。

　挿入時は頭部鼻端をやや上向きにした方が入り易いです。投薬時はやや下向きにした方が安全です。

②挿入するホースの長さを決めて印をつける。

　口から胸あたりまでホースをあてて長さを決めます。

③ホースの先端に潤滑剤を塗布する。

　医療用のゼリーやポリアクリル酸を溶解したものなどを使用します。

④口の横の歯のない所からホースを挿入して、口の中心に持って行きゆっくりとヤギの嚥下に合わせて挿入する。

　咽頭を通過し食道に入れば、ほとんど抵抗なく入っていきます。ヤギが咳をしたり、暴れたりする時は気管に入っている可能性があるので一旦ホースを抜いてやり直します。

　経口食道カテーテルの挿入が舌に邪魔されてうまくいかない時は誘導器具を使用するとスムーズに挿入できます。

＊誘導器具に使用するもの

・塩ビ管

　ヤギの大きさによって塩ビ管とホースの太さは変わります。

（例　13.5ｍｍのホースを通す場合は16.5ｍｍの塩ビ管を使用）

・ゴムバンド

塩ビ管を咥えさせて、
ホースを誘導します。

咥えさせる長さは、口角から
下顎角（えら）の長さまでです。

⑤ホースが気管に入っていないか必ず確認する。

　ホースが食道まで入ったら、ホースを吸引して確認します。空気が戻ってくる時は、気管に入っている可能性があるので再度抜いて入れ直します。胃に入ればホースから胃酸臭がします。

　気管内にミルクや液剤などの薬を投与すると溺水や誤嚥性肺炎により死亡することがあるので、気管内に挿入しないよう十分注意してください。

　食道カテーテルは基本的に深く入れる方が誤嚥の可能性が減るので安全です。挿入を怖がって浅い場所に液剤を投与すると、気管口付近に投与することになり誤嚥の危

険性が上がるからです。また気管内に深く挿入されると
動物は暴れることが多く、失敗に気が付き易くなるから
です。

（2）経鼻食道カテーテルの挿入方法

非常に小さな子ヤギにミルクを強制給餌する時は経鼻食道
カテーテルを挿入します。

　＊使用するもの

・滅菌済多目的チューブ（例

　　ベテナルマルチチューブ　8

　　Fr)

①鼻から胃の入り口までの長

　さを確認し、チューブに印をつける。

②チューブの先にゼリーを塗布する。

③ヤギの頭をやや上向きにむけてチューブをゆっくり挿入

　する。

④吸引にて気管に誤挿入していないことを確認するのは経

　口食道カテーテル挿入時と同じ。

3.外傷処置・麻酔

ヤギはヤギ同士のけんかや放牧場、飼育ケージの柵の間に
肢を挟むなどのケガ・骨折がよく見られます。ケガや骨折な
どの処置の際には、痛みを伴うので状況に応じて麻酔薬を用
いヤギを不動化して治療を行います。

(1) 麻酔（鎮静）

ヤギをロープで保定して頸静脈からキシラジンを投与して不動化します。処置後は、頸静脈からアチパメゾールを投与して麻酔から覚醒させます。

- キシラジン　薬用量[1]

　　軽い鎮静　0.03-0.04mg/kg　i.v

　　深い鎮静　0.05mg/kg　i.v または0.1mg/kg i.m

- アチパメゾール　薬用量[1]

　　0.08mg/kg ～ 0.1mg/kg i.v

※成書では上記用量となっていますが、大抵の場合0.06mg/kg i.v 程度で効果があります。

(2) 外傷処置（皮膚裂傷の処置）

①創面を生理食塩水や水道水で流し、土や汚れをしっかり洗浄する。

②デブリードマンを行い縫合する面を新鮮創にする。

　創面が感染している時や創面の組織が損傷している時は直接創面を閉じても癒合し難いです。その為、傷んだ組織を切り取り、新しい創面を作ります。

③傷が深い場合はドレーンを留置する。

　傷が深い場合は深層の汚染を排除することが困難です。この場合治癒の過程で内部から漿液や膿が発生するので、表層を縫合して閉じてしまうと膿瘍になり結果的に治癒を遅らせてしまいます。

　補液管や栄養カテーテルを傷深部に縫合し、廃液ドレー

ン及び洗浄用カテーテルとして留置します。排膿が収まり次第抜去します。

④皮膚は単結節縫合を基本として、縫合する。

連続縫合で皮膚の縫合を行うと、糸が緩みやすく創縁の接着が不確かな為、皮膚の縫合は単結節縫合で行います。結紮の際、縫合の間隔が狭過ぎたり、糸を締め過ぎたりすると局所の循環障害の原因となります。[2]

正常な癒合を妨げないよう、狭過ぎず締め過ぎず、創縁が密着する程度の力で縫合することが大切です。

⑤一週間後、経過をみて抜糸を行う。

創面の状況により癒合にかかる日数は変わります。一部抜糸して、癒合の確認をしながら抜糸します。もし癒合が不完全であれば、抜糸を中止し時間をおいてから再度抜糸します。

⑥飼育者への指導

ヨード剤での消毒は、殺菌力は強いですが組織障害も強いので、治癒遅延を引き起こします。[2] 消毒が必要な場合は、適切な回数を飼育者に指示します。

＊使用するもの
・モノフィラメントの糸（釣糸6号程度、縫合糸1号程度）
・持針器
・縫合針（丸針・角針）
・剪刀・メス

（3）単純骨折の固定法

①ギプス用包帯を巻きます。

　ふわふわした綿のような包帯で、クッションの役目をします。色がついたものはギプスをとる際の目印になります。

②包帯に重ねてキャスティングテープを巻き、硬化するのを待ちます。キャスティングテープは、水で硬化する包帯で、硬化後は石膏ギプスのような固定ができます。素材はガラス繊維にポリウレタン樹脂を含浸させたもので、ベタベタと接着するので必ず手袋をつけて行います。袋から出すと、すぐに硬化するので迅速に行う必要があります。包帯や固定を締めすぎると循環障害を起こします。しかし、緩すぎて骨折部が動揺すると治療効果がなく、骨折部が癒合しません。

緩すぎても、きつすぎてもダメ！下巻きを厚く、外巻きをきつめに巻くとほどよく巻けます。

　骨折部の上下を含めて幅広く巻き、骨折部が動揺しない様に固定を行います。

③定期的に経過を観察する。

　固定後数日間は、循環障害が起きていないか包帯を巻いていない肢先などの浮腫や温感を確認し、問題があれば再処置します。その後1週間間隔で異常がないことを確認し、2~3週間後にギプスを外します。骨が癒合してい

なければ再度固定します。単純骨折の場合、２週間ぐらいで癒合する場合が多いです。

＊使用するもの
・ギプス用包帯
・キャスティングテープ

参考文献

1) Mary C. Smith, DVM・David M. Sherman, DVM, MS（2009）：Goat Medicine Second Edition, p809,812, WILEY.
2) 石田卓夫 監修（2004）： CAP セミナーシリーズ vol.2勤務獣医師のための臨床テクニック 必ず身につけるべき基本手技30, p106-109, p118-121, チクサン出版社.

4.去勢手術

雄ヤギは生後3か月頃から、乗駕などの発情行動を示します。沖縄で肉用として出荷されるヤギは去勢をしませんが、伴侶動物として飼育する場合は、去勢を行った方が穏やかな性格になり飼育がし易くなります。また、雄ヤギ自身が尿を自分にかける性行動も抑えられるので匂いや汚れも減少します。

（1）雄の生殖器の構造と役割

・陰嚢

ヤギの陰嚢は身体の外に垂れ下がっていて、精巣が縦に収まっています。

ウシやヒツジも同じスタイルです。ちなみに、猫や犬は
体の外にありますが垂れ下がっていません。精巣が体の
外側にあるのは、精子を造るには体温よりやや低い温度
が適しているからです。

・精巣 [1]
精巣は陰嚢に入っていますが、陰嚢内では陰嚢中隔で隔
たれた左右別々の部屋に入っています。陰嚢を切開する
と精巣は精巣鞘膜という膜に包まれています。
精巣は、精子と雄性ホルモンのテストステロンを生産し
ています。
ヤギの精巣は体の大きさに対して重量が大きいです。[2]
ウシは精巣1つが300ｇ～400g、ヤギは145ｇ～150ｇ程
度です。

・精巣上体
精巣で作られた精子はまだ未成熟で、精巣上体の中で成
熟していきます。精巣上体は未成熟な精子を運搬しなが
ら濃縮・成熟・貯留を行います。頭部・体部・尾部の3
つに分かれています。

・精管
精子は精巣→精巣上体→精管と移動していきます。

（2）去勢の時期

　生後3ヶ月頃が適切です。これより早いと尿道の発育が悪くなって、尿石症を起こす確率が高くなるといわれています。[3]

　ヤギの精巣は比較的大きい為、去勢時期が遅れると切開創が大きくなり体にかかる負担が増したり、破傷風に感染する危険性が増したりします。

　雄ヤギは生後3～4ヶ月で乗駕行動や射精などの生殖活動が始まり、1か月後の4～5か月で性成熟を迎え、繁殖活動を営みます。また、雌ヤギは4～5か月で生殖活動が始まり、6～8ヶ月で性成熟を迎えます。[3]

　去勢をしない場合は、3ヶ月齢になる前には、雄と雌は別々に飼育する事をお勧めします。性成熟には個体差があり、まだ大丈夫かなと思われる3か月齢程度の雄と雌を一緒にして妊娠したケースもありました。体の小さなうちに雌ヤギが妊娠してしまうと、難産の可能性が高くなり、発育に影響しますので注意が必要です。

（3）去勢手術の方法

　去勢手術には観血去勢（陰嚢を切開して、精巣を摘出する方法）と無血去勢（陰嚢を切開せずに、皮膚の上から精管や血管などを挫滅する方法）があります。観血去勢の手順を以下に示します。

　①鎮静（キシラジン）の注射をします。

　②肢をロープで柵などに固定し、術中に蹴られないようにします。

③陰嚢を消毒します。

　消毒用アルコールとヨード剤を用います。切開予定部の
毛が長い場合は剃毛します。汚れがひどい場合は洗浄し、
乾燥させてから消毒します。

④陰嚢の下側、精巣の頂点付近を切開し精巣を押し出しま
す。

陰嚢の皮膚を切ります。片
方ずつ、陰嚢を切開して精
巣を摘出します。

まだ鞘膜に包まれていま
す。点線の部分が漿膜の切
開線です。

⑤鞘膜（精巣を包んでいる膜）を切開して、精巣を出します。

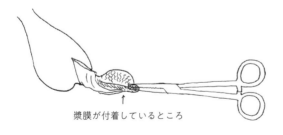

漿膜が付着しているところ

精巣鞘膜を切開し精巣を露
出させます。中の精巣まで
切ってしまうと後の操作が
し難くなります。漿膜の内
側は一部、精巣上体尾部に
付着しています。

⑥精巣漿膜と精巣の付着部を切り、鉗子で挟み引くことで
　はがします。

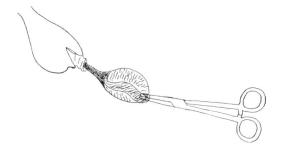

付着部をはがすと精索が露
出できます。鉗子を引くと
同時に陰嚢を引き上げるこ
とで、精索の細い部分が出
るまで十分に引き出しま
す。

⑦精索を結紮後に切断します。または切れるまで捻転して
　切断します。

結紮する場合は鉗子で挟んだ部位より体
幹側を結紮します。結紮しない場合は 30
回ほど捻転すると止血しつつ切ることが
できます。
片側が終わったら、同じ手順でもう一つ
の精巣も摘出します。

⑧抗生物質と破傷風トキソイドの注射をします。
　抗生物質はペニシリン、アンピシリンなどを使用します。
⑨創が汚染した場合は切開した部分に抗生物質をかけます。
⑩鎮静をさます薬（アチパメゾール）を注射して終わりです。
この後、1週間は傷が腫れないか観察します。

参考文献

1) 杉村誠・山下忠幸・阿部光雄（1992）：反芻類家畜の解剖図説，
   p64-65，北海道大学図書刊行会.
2) 独立行政法人　家畜改良センター茨城牧場長野支場（2011）：家
   畜改良センター　技術マニュアル10　山羊の繁殖マニュアル，
   p3，独立行政法人　家畜改良センター　企画調整部企画調整課.
3) 独立行政法人　家畜改良センター茨城牧場長野支場（2013）：
   家畜改良センター　技術マニュアル6　山羊の飼養管理マニュ
   アル，ｐ1,11，独立行政法人　家畜改良センター　企画調整部
   企画調整課.

5.除角

　ウシ科であるヤギの角は角芯と呼ばれる骨の突起を角鞘と
いう鞘が覆っています。[1]角芯は頭蓋骨の一部の角突起で角
鞘はケラチンというタンパク質でできています。角は一生の
間、生え変わることなく伸び続けます。飼育管理を行う上で、
角のないヤギの方が扱い易いので除角を希望される飼育者も
多いです。

　除角の方法は、デホーナーを用いる方法とのこぎりを用い
る方法があります。しかし、どちらの方法も除角は強い痛み
と損傷を伴い、除角により出血や化膿、破傷風、脳障害、
ショック死などを起こす場合があります。そのため除角の際
は、これらの危険性について飼育者へ十分説明し危険性を理
解していただく必要があります。苦痛を軽減し安全性を確保

する為に、除角は獣医師により麻酔または鎮静下で行う必要
があります。

・デホーナーを使用する方法
　生後7～10日で実施します。[2] 子ヤギを保定し、麻酔後、
　熱したデホーナーを角芽部に強く押し当て円形に焼き切
　ります。その後、電気ごてで除角部の周りを焼き皮膚を
　はがします。除角部に抗生物質の軟膏を塗布し、抗生物
　質、破傷風トキソイドを注射します。この方法は頭蓋骨
　にデホーナーをあてるので、加熱しすぎると脳に障害を
　与え、ショック死することがあるので子ヤギの様子を観
　察しながら注意深く行う必要があります。
・のこぎりを使用する方法
　角がすでに伸びているヤギの除角をする際は、のこぎり
　により切断します。この方法はヤギの角の構造からもわ
　かる通り、骨を切る事になり当然出血や痛みを伴うので、
　鎮静及び局所麻酔を行う必要があります。のこぎりで切
　断後、電気ごてで止血を行います。その後、抗生物質、
　破傷風トキソイドの注射を行います。

参考文献
1）奥州市牛の博物館・国立科学博物館　主催（2014）：国立博物館・
　　コラボミュージアムin奥州　牛の博物館第23回企画展　角 - 進
　　化の造形，p2，奥州市牛の博物館．
2）独立行政法人　家畜改良センター茨城牧場長野支場（2013）：

家畜改良センター　技術マニュアル6　山羊の飼養管理マニュアル，p9，独立行政法人　家畜改良センター　企画調整部企画調整課.

第3節　疾病の診断

1.問診法・身体検査

　往診依頼があり、農場に到着後、まず飼育者から主訴を聞くと共に問診を行います。ヤギの群れでの様子を観察した後ヤギをロープで繋ぎ、身体検査、治療を行います。子ヤギの低血糖・低体温などの救急の時は問診をしながら処置や治療を行う場合があります。

(1)　問診 [1]

・ヤギの情報　（年齢、性別、妊娠の有無）
　　→よくある病気の推定に利用
・飼養の目的（畜産・伴侶動物）
　　→治療方針の決定に利用
・餌について（放牧、乾草、手刈り牧草、配合飼料給与の有無、水給与の有無）
　　→管理失宜や食餌性疾患の推定に利用
・飼養環境について（舎飼い、放牧）
　　→環境性疾患の推定に利用

（2）　身体検査 [1]

①全身状態の確認

　ヤギを繋ぐ前に外傷、歩様、皮膚、呼吸、活力などの「外貌」と「行動」を観察します。また群れの中にいる場合は群れでの様子を観察します。そして、ヤギを繋ぎ、皮膚、筋骨格系、循環器系、呼吸器系、消化器系、泌尿生殖器系、眼、耳、神経系、リンパ節、粘膜、蹄、角などを一定の順序で行うことを意識しつつ聴診や触診などを用いて系統的に診察をします。

②群れの中での状態（全般的な不調の有無・群要因による疾患の有無）

　・群れから離れて単独になっているヤギはいないか？

　・群れの中での順位はどうか？

③一般状態（感染の有無・倦怠感の有無・重症度の判定）

　・元気はあるか？

　・熱はないか？

　・食欲はあるか？

　・座り込んでいないか？

④皮膚（皮膚病の有無・外部寄生虫の有無・栄養性疾患の有無・脱水の有無）

　・毛づやは悪くなっていないか？

　・皮膚の弾力は正常か？

　・フケは出ていないか？

　・湿疹はないか？

　・痒みはないか？

・できものはないか？

⑤筋骨格系（運動器や外傷、蹄病の有無・破傷風症状の有無）

　・歩様は正常か？

　・関節に腫れは見られないか？

　・負重が弱い肢はないか？

　・口は開口できるか？

⑥呼吸器系（気管支炎などの呼吸器感染や循環器障害の有無）

　・鼻水はでていないか？

　・咳をしていないか？

⑦消化器系（消化器病の有無）

　・おしりまわりが便で汚れていないか？

　・下痢はしていないか？

　・便は出ているか？

　・腹部膨満はないか？

⑧泌尿生殖器系（尿閉の有無・腹痛の有無・飲水量の推定）

　・尿は出ているか？

　・尿の色、性状に変化はないか？

　・何度も座り込みいきんでいることはないか？

⑨神経系（破傷風症状や腰麻痺の有無）

　・ふらつきはみられないか？

　・斜頸や眼振はないか？

　・歩様は正常か？

　・疼痛反射はあるか？

⑩眼（脱水の有無・神経症状の有無・眼の外傷の有無）

　・眼は落ちくぼんでいないか？

・眼振はないか？

・目やには出ていないか？

・涙はでていないか？

・傷などの外傷はないか？

⑪耳（外耳炎・中耳炎の有無）

・外耳から汚れは出ていないか？

・耳の高さは左右対称か？

⑫リンパ節（乾酪性リンパ節炎の有無）

・体表のリンパ節に腫れはみられないか？

⑬粘膜（寄生虫症や栄養性疾患の有無）

・色調を確認して貧血や黄疸はないか？

⑭蹄（蹄病の有無）

・蹄の過長、変形はみられないか？

⑮角

・外傷はないか？

（3）飼育者にヤギの健康チェックの仕方を指導する

　病気の早期発見の為にも、飼育者の方に健康チェックをしていただくことはとても重要です。毎日のお世話の時に、例えば図のように頭の先からぐるりと一周ヤギをみていただきます。また、群飼育の際は、群れの様子を、ぼんやりお茶でも飲みながら10分くらい眺めていると、いつもと違う様子のヤギ、例えばひとりぼっちで元気がないヤギや、強い個体に負けて餌を食べられていないヤギなどを見つけることができます。飼育者が「いつもと違う」と感じる事は重要な病気のサインです。

目やには出ていない？

体は熱くない？

鼻水は出ていない？

毛づやは良い？

よだれは出ていない？

歩き方はおかしくない？

お腹は張っていない？

おっぱいは腫れていない？

蹄はのびていない？

おしりはよごれていない？

参考文献

1) 石田卓夫　監修（2004）：　CAP　セミナーシリーズ　vol.2勤務
獣医師のための臨床テクニック 必ず身につけるべき基本手技30,
p6-9　チクサン出版社.

2.心臓・肺の聴診

　心音の聴診は心臓の鼓動を一番強く感じられる部位（左側肘付近）を見つけ、そこを中心として体表面を移動させて胸壁を聴診します（移行聴診）。右側も続いて聴診を行います。心音の聴診と併せて呼吸数と左右の肺領域の聴診を行います。

（1）肺の聴診で評価すること
・現在の呼吸器疾患の状態評価

・症状の変化（継続して診る場合）
・呼吸数や呼吸音に変化を与える疾患の検出
・熱中症、貧血、誤嚥など
・正常な呼吸数[1]　12〜15回／分

（2）心音の聴診で評価すること

・心疾患の検出と評価
　心奇形、外傷性心膜炎など
・心悸亢進を認める疾患の検出
　尿閉・右方変位・腸捻転などの強い疼痛、貧血などの心
　音強勢、ショックの頻脈など
・徐脈を認める疾患の検出
　前胃疾患時の徐脈など
・正常な心拍数[1]　70〜80回／分

参考文献

1) 独立行政法人　家畜改良センター茨城牧場長野支場（2013）：家畜改良センター　技術マニュアル6　山羊の飼養管理マニュアル，p 36，独立行政法人　家畜改良センター　企画調整部企画調整課．

3.腹部の触診・聴打診法

①腹部の触診

左側のけん部を深くゆっくり押すと第一胃内容に触れることができ、食渣が入っている時は低反発枕のような弾力を感じることができます。その量や固さ、第一胃内ガスの有無を調べ、ヤギが最近、餌を食べていたのかいないのか、消化状態はどうかを推定できます。

左側のけん部はこの三角のところです。見た目で三角にへこんでいる時は少なくとも1日の摂食量が少ないことを示します。

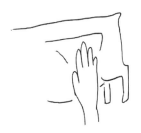

やさしくじんわ〜り押すと、食渣が入っている時は、通常時は低反発枕のような弾力を感じます。ここが通常より硬く詰まっている時は、消化や胃からの排出に問題がある可能性があります。

②聴打診法

　消化管内にガスと液体が共存する時に（第四胃変位など）、聴診器を当てその周辺を指で強く弾くと金属性反響音（キンキン）が聴取できます。ガスのみの場合は鼓音（ポンポン）が聞こえます。聴打診は主に第四胃変位、盲腸鼓脹症の診断に用います。金属性反響音が聴取される部位によって腹腔内のどの部位に異常があるのか推定できます。

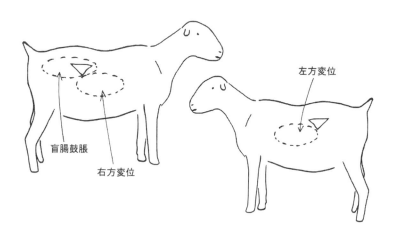

盲腸鼓脹

右方変位

左方変位

4.主訴から診断に至る手順

　〜実際の現場でのヤギの臨床獣医師の頭の中〜

　ヤギの診療は、きっとある日突然やってきます。ヤギの飼育者の方がとても困って、私の大切なヤギをどうにか助けてほしいとあなたの前にやってきます。ヤギの診療は、臨床の獣医師なら今持っている知識や技術で十分対応できるはずな

のですが、とっさに普段診ていないヤギ特有の習性や体の仕組みや病気を思い浮かべることは難しいかもしれません。

また、臨床をはじめて間もない獣医師であれば、飼育者の主訴から適切な治療方針を立て、その場で選択することは中々難しいものではないかと思います。臨床現場では、目の前の動物と飼育者に対して、今すぐ何らかの答えと解決策を提示しなければならないのですが、もしヤギの体の仕組みをいくら詳しく説明できても、病名をたくさん知っていても、頭が真っ白になるということは誰でも経験しているものです。

ですから知識の量だけでなく、その場でできる最大限ベストなことが何なのか、そして今何をするべきかを見つける考え方を身に着けることが必要なのです。

そこで本項では、初診時に飼育者の主訴から治療に辿り着けるように、その過程を代表的な主訴と病気を合わせてご紹介したいと思います。

(1) 主訴1 「立てない」

ヤギの「立てない」という主訴の診断をする上で必ず考えなければいけないのは腰麻痺です。しかし、この病気は、何か一つの検査で確定できるわけではなく、現場では他の「立てない」という症状を引き起こす病気を除外することによる診断になります。その為、起立不能の診断治療は、「腰麻痺」を中心にその他を除外していきます。また、どうしても診断がはっきりしない場合は、初診時に腰麻痺の治療は行い、経過や治療の反応を診ながら次を考えます。

「立てない」という主訴で診療を受けた場合、はじめに現場ですることは「ヤギが本当に立てないのか」を確認します。腰麻痺の場合は、麻痺で肢に力が入らず立てません。麻痺の発生部位が頸部で、斜頸症状の時は平衡感覚の失調により立てなくなります。同時に旋回や眼振などが見られることもあるでしょう。反対に、熱や代謝性疾患の場合、「立てない」のではなくぐったりして自分から「立とうとしない」だけの場合があり、補助をすると自分で立てることがあります。飼育者からの「立てない」という情報だけでは確定できませんので、必ず立たせてみましょう。その上で腰麻痺を強く疑った場合は、腰麻痺の治療（イベルメクチン投与・抗炎症剤投与・リハビリ）を行うことになります。

　起立不能時に腰麻痺以外の除外する主な病気・症状は5つあります。

①1つ目は、「破傷風」です。

　　この場合立てないだけでなく、意識不明や口が開かないといったその他の神経症状が強く現れます。抗生物質の連続投与、抗炎症剤の投与などを行います。腰麻痺の多くは末梢性の神経症状ですので、立てなくても食欲はあるという場合が多いです。

②2つ目は「発熱を伴う疾患」です。

　　この場合発熱でぐったりして、立てない、立ちたくないということが起こっています。発熱の診断をするには体温を測定します。熱がある場合は、続いて、熱の原因を

身体検査でできる限り探していきます。呼吸器の感染症はないか（聴診・気管を刺激して咳が出ないか確認・視診にて鼻水など外貌上の確認）、下痢はしていないか（便の確認）、雌ヤギの場合は乳房炎や膀胱炎はないか、子ヤギの場合は臍帯炎はないかなどです。発熱があった際は、症状にあわせて抗生物質の治療、輸液療法などの対症療法を選択します。夏場は、熱中症の可能性もあります。熱中症の場合は立てないだけでなく呼吸が速い、流涎、四肢放出などの症状を示します。熱中症で発熱している際は、冷却、輸液療法を行います。

③3つ目は、「外傷」です。

ヤギを立たせて立つ場合は、蹄の確認から肢先、背骨と順を決めて、視診、触診を行います。蹄に問題があった場合には削蹄を行います。外傷が見られた場合には外傷治療（洗浄・消毒・縫合・抗生物質の投与など）、骨折の場合は、ギブス固定、関節炎の場合は、外用薬の塗布やテーピング固定、抗生物質の治療などを行います。

④4つ目は、「代謝性・栄養性の疾患」です。

この問題は特に分娩前後に起き易いです。問診時に雌ヤギの場合は分娩に関する情報を集めます。分娩前後は、乳熱や産褥熱・ケトーシスなどで全身状態の悪化で起立不能になることがあります。この場合は、症状に対応する、輸液療法やCa、ブドウ糖の投与を行います。

次に、長期の栄養不良が原因の場合もあります。BCSやRSでヤギの栄養状態を確認します。この場合貧血と筋

量の低下が要因となっていることが多いです。診察時に貧血による心音強勢に注目してください。また貧血と栄養不良は寄生虫が原因でも起こりますので合わせて考慮します。

子ヤギの場合は、低体温・低血糖の可能性もあります。体温測定と併せて、ぐったりしている時はブドウ糖投与、保温を行います。

⑤ 5つ目は「脱水」です。皮膚つまみテストや目のくぼみ具合で脱水を身体検査時に確認します。脱水がある場合は、脱水を引き起こす病気、下痢（便の確認）、ルーメンアシドーシス（問診、腹部触診・聴打診）、熱中症（体温測定）などがないか診察していきます。治療は輸液療法と併せて、原因療法を行います。下痢の場合は抗生物質や抗寄生虫薬、整腸剤の投与、ルーメンアシドーシスの場合は、健胃剤の投与、熱中症の場合は体の冷却などを行っていきます。

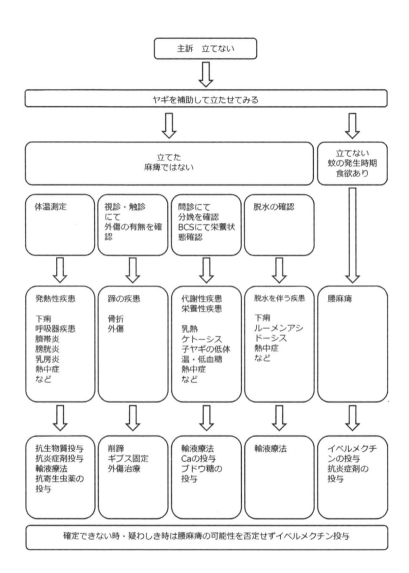

主訴　立てない

↓

ヤギを補助して立たせてみる

| 立てた
麻痺ではない | 立てない
蚊の発生時期
食欲あり |

体温測定

視診・触診にて
外傷の有無を確認

問診にて
分娩を確認
BCSにて栄養状態確認

脱水の確認

↓

発熱性疾患

下痢
呼吸器疾患
臍帯炎
膀胱炎
乳房炎
熱中症
など

蹄の疾患

骨折
外傷

代謝性疾患
栄養性疾患

乳熱
ケトーシス
子ヤギの低体温・低血糖
熱中症
など

脱水を伴う疾患

下痢
ルーメンアシドーシス
熱中症
など

腰麻痺

↓

抗生物質投与
抗炎症剤投与
輸液療法
抗寄生虫薬の投与

削蹄
ギプス固定
外傷治療

輸液療法
Caの投与
ブドウ糖の投与

輸液療法

イベルメクチンの投与
抗炎症剤の投与

確定できない時・疑わしき時は腰麻痺の可能性を否定せずイベルメクチン投与

（2）主訴2 「下痢をしている」

　ヤギの臨床の中で、下痢は一番よく診療依頼を受けるものです。

　下痢の原因は、感染によるもの（細菌・寄生虫・ウイルス）、食餌性のもの（餌が適切でない・中毒など）、環境性によるもの（温度・湿度が適切でない・ヤギ舎が汚いなど）など要因がたくさんあり、複合している場合もあります。原因がわかり、それに合わせて根本治療をできるのが1番良いのですが、現場ではすぐに確定できないことや原因がわかってもウイルスのように薬で治せないこともあります。

　その為、ヤギ自身が治癒に向かえるように、取り除けるものは取り除く、（細菌感染の下痢に抗生物質、寄生虫の治療薬があるものは駆虫薬など）悪化させないように補助療法をする（各種整腸剤・輸液療法）、間違いを直す（餌・環境の改善）が基本になります。

　そうすると、最後には現場で行う下痢の治療はとてもシンプルなものになります。しかし、やることは同じでも、頭に原因を整理しておくことは、治療を行っても症状が改善しない時や稀な原因で起こる下痢（閉塞や捻転）に備えとても大切になります。

　下痢の主訴で診療を受けた際、問診でまずヤギの餌の確認を行います。普段の餌の確認をすることで、不適切な餌の給餌の確認を行い、また、いつもと違うものをあげてないか、食べていないかを確認することで、中毒やルーメンアシドー

シスの可能性を確認します。次に、飼育環境をみて、湿度や温度が高くストレスが高い状態ではないか、糞や尿が堆積しているなど汚れはひどくないかなど環境の問題がないか確認します。そして身体検査では、体温測定と併せて、便の確認を行い、下痢の状態を確認します。全身状態を診る時には特に脱水の程度をよく観察します。腹部の聴診・聴打診では、ガスや液体の貯留がないかの確認をしていきます。

　また、稀ではありますが、いきみが強い場合や聴打診などで金属有響音が聴取できた場合は、捻転や閉塞などの場合があります。下痢なのに閉塞、しかも緊急性の高い状態に陥るので、一応念頭に置いて診察してください。

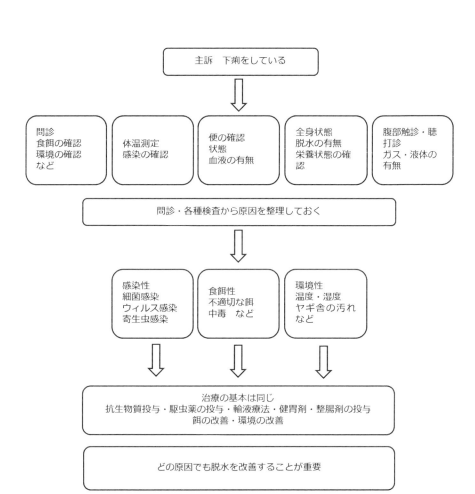

主訴　下痢をしている

問診
食餌の確認
環境の確認
など

体温測定
感染の確認

便の確認
状態
血液の有無

全身状態
脱水の有無
栄養状態の確認

腹部触診・聴打診
ガス・液体の有無

問診・各種検査から原因を整理しておく

感染性
細菌感染
ウィルス感染
寄生虫感染

食餌性
不適切な餌
中毒　など

環境性
温度・湿度
ヤギ舎の汚れ
など

治療の基本は同じ
抗生物質投与・駆虫薬の投与・輸液療法・健胃剤・整腸剤の投与
餌の改善・環境の改善

どの原因でも脱水を改善することが重要

（3） 主訴3　「呼吸が苦しそう」

　ヤギの「呼吸が苦しそう」という主訴で考えることは、呼吸器の疾患の他に、食道梗塞などの食道に何か詰まっている場合や、熱中症、その他の病気で痛みがある場合、分娩などがあります。鑑別して治療していくには、はじめに問診で、咳の有無や妊娠の有無の確認の他、飼育者が気付く痛みなどないか確認します。また、ヤギ舎の環境を自分自身で感じることも重要です。夏に蒸し暑く風が通らない場合は、熱中症の可能性があります。身体検査では、見落としがないように自分で順番を決めて診察していきます。検温に続いて、特に呼吸が苦しそうな時は、視診で鼻水（呼吸器感染症の可能性）や涎はないか（食道梗塞の可能性）を注意してみましょう。それから、痛みがある場合、下痢や腹痛、尿閉塞、膀胱炎などや外傷、分娩がはじまっていないかなどを一つずつ確認していきます。呼吸器感染症を疑う場合は、抗生物質での治療が中心になります。熱中症を疑う場合は、冷却しながらの輸液療法が必要になります。痛みで苦しんでいると疑う場合はその痛みの原因を取り除く治療を行って、改善がみられるか経過を観察していきます。

```
                    ┌─────────────────────┐
                    │ 主訴　呼吸が苦しそう │
                    └─────────────────────┘
                              ↓
┌──────────┐ ┌──────────┐ ┌──────────┐ ┌──────────┐ ┌──────────┐
│問診      │ │全身状態  │ │体温測定  │ │視診      │ │身体検査  │
│妊娠の有無│ │脱水の有無│ │感染の確認│ │涎の有無  │ │痛みの有無│
│咳の有無  │ │栄養状態の│ └──────────┘ └──────────┘ └──────────┘
│など      │ │確認      │
└──────────┘ └──────────┘
        ┌────────────────────────────────────┐
        │ 問診・各種検査から原因を整理しておく │
        └────────────────────────────────────┘
                        ↓
┌──────────────┐  ┌──────────────┐  ┌──────────────┐
│呼吸器疾患の  │  │              │  │              │
│可能性        │  │熱中症の可能性│  │食道梗塞の可能│
│（肺炎・気管  │  │              │  │性            │
│支炎）        │  │              │  │              │
│細菌感染      │  │              │  │              │
│ウィルス感染  │  │              │  │              │
│寄生虫感染    │  │              │  │              │
└──────────────┘  └──────────────┘  └──────────────┘
        ↓                 ↓                 ↓
┌──────────────┐  ┌──────────────┐  ┌──────────────┐
│抗生物質の投与│  │輸液療法      │  │カテーテルを通│
│駆虫薬の投与  │  │身体の冷却    │  │して確認・つま│
│環境の改善    │  │など          │  │りをとる      │
└──────────────┘  └──────────────┘  └──────────────┘
```

　最後に、現場で感じた嫌な予感、何かおかしいかもしれな
いは、必ずそこに何かがあります。それは、絶対になかった
ことにしないで、次の診療までに考え、調べ、次の一手を用
意する事が大切です。その感覚は、稀な病気に出くわした時、
病状の経過が思わしくない時に、気付きと改善を与えてくれます。

5.畜産のヤギと伴侶動物のヤギの診療の考え方

　ヤギは伴侶動物としての目的、乳や肉を得る畜産動物としての目的、あるいは両方の目的で飼育されている場合がある動物です。その為、治療前の問診で必ず飼養目的（ヤギと人との関係）を確認する必要があります。

　畜産動物として飼育されている場合、治療費が畜産動物の価値を超えることが予想される時は、治癒の可能性があっても治療しないか最低限の処置に留まることがあります。治療する時は、畜産物に使用が禁止されている薬や、休薬期間（出荷を禁止されている期間）が定められた薬に十分注意を払う必要があります。それらを使用した場合、一定期間は畜産物としての利用が制限される為、万が一途中で治療を断念しても乳や肉として出荷することができません。治癒までの時期を推測し、畜産利用時期を考慮して治療計画を立てなければなりません。

　一方で、伴侶動物として飼育されている場合は、出荷（畜産物としての利用）の可能性はありませんので、休薬期間はあまり問題にならないでしょう。治療費の許容範囲も畜産とは異なります。治癒の可能性が低くても最後まで手を尽くして欲しいという希望に添って治療を行う事が比較的多くなります。

　飼育目的による診療の違いをヤギでよく見られる病気の腰麻痺を例にとってお話をします。腰麻痺は、寄生虫の感染に

よって神経に障害を与え、起立不能などの神経症状を引き起こす病気です。投薬により原因の寄生虫は除去できても、麻痺が残り長いリハビリが必要になることがあります。

　繁殖用の雄ヤギが腰麻痺になった場合、前肢や後肢に麻痺が残ると交配ができなくなる為、治療せずに出荷をするという選択が飼育者の第一希望になることが多いです。伴侶動物の場合は、たとえ麻痺が残る可能性があっても治療を行い、起立不能でも看護や介護を続けながら一緒に暮らしていくという選択が飼育者の希望になるかもしれません。

　このようにヤギの診療においてはヤギと飼育者の関係によって治療方針が大きく異なりますので、飼育者の意向を聞き取る事に十分注意する必要があります。獣医学的な知識や技術が重要なのは当然ですが、飼育者の目的を考慮して総合的に最善の方法を提示することも等しく重要です。飼育者の目標や想いを受け止めて、飼育者の選択に寄り添い、治療方針を決定する事が大切です。

第4節　飼料及び飼育

1.ヤギの消化の仕組み

　ヤギはウシと同じように4つの胃を持つ複胃の草食動物であり、ヒトや単胃動物とは歯や胃の構造、消化の仕組みが異なります。

(1) 歯の機能と本数

　ヤギの歯の大きな特徴は、上顎の切歯と犬歯がなく歯肉が硬く角化した歯床板になっています。草を食べる時はこの歯床板と下顎切歯で草を引きちぎって食べます。

残念！間違いです。
上の歯はありませんよ。

正解！

・永久歯の歯式[1][2]

　永久歯の歯式には文献によって2通りの記載があります。実際には下顎4本の見た目には違いは見られません。哺乳類の切歯の基本数が3のため真ん中からみて一番外側の歯を犬

歯としているのが①、全部切歯としているのが②の記載です。

①	切歯	犬歯	前臼歯	後臼歯
上顎	0	0	3	3
下顎	3	1	3	3

または

②	切歯	犬歯	前臼歯	後臼歯
上顎	0	0	3	3
下顎	4	0	3	3

・乳歯の歯式 [1]

・下顎の4枚の乳歯は生後1ヶ月で、生えそろい、その後約1年ずつ真ん中から永久歯に生え変わります。

③	乳切歯	乳犬歯	乳前臼歯
上顎	0	0	3
下顎	4	0	3

・下顎の切歯での年齢推定方法 [3]

下顎の切歯（8本　4対）の生え変わりをみることでおおよその年齢を推定することができます。

1歳　　→永久歯　2本（1対）

2歳　　→永久歯　4本（2対）

3歳　　→永久歯　6本（3対）

4歳以上→永久歯　8本（4対）

参考文献

1) 斉藤利朗（1996）：めん羊の歯式と年齢鑑定法，季刊誌　シープジャパン，10月号　20号，公益社団法人　畜産技術協会.

2）独立行政法人　家畜改良センター茨城牧場長野支場（2013）：
　　家畜改良センター　技術マニュアル6　山羊の飼養管理マニュア
　　ル，p13，独立行政法人　家畜改良センター　企画調整部企画
　　調整課．

3）独立行政法人　家畜改良センター茨城牧場長野支場（2017最終
　　更新）：　山羊飼養に関するＱ＆Ａ　Q19，山羊は歯の生え方で
　　年齢が分かるのですか？，　インターネットホームページより
　　2022年2月1日参照．

http://www.nlbc.go.jp/nagano/QandA/QandA_yagisiyou_19-/

（2）4つの胃の機能

　ヤギは人が栄養として利用できないような、繊維質や質の
低いタンパク質で構成されている草からエネルギーを吸収し
ています。4つの胃の機能と反芻という行動によって、草の
消化とエネルギーの生産を可能にしています。

　ヤギはまず咀嚼によって草をすり潰して飲み込み、第一胃
内で混ぜて、微生物に分解させます。そしてその分解産物
（VFA）と増えた第一胃内微生物を吸収して栄養としていま
す。その為、ヤギを含む反芻動物は人が栄養にできない部分
も栄養として吸収することができるのです。

　第一胃内は「ぬか床」のようになっていて、この中でたく
さんの微生物が食物を分解しています。食物は第一胃と第二
胃、口内を行ったり来たりかき混ぜられて、均等に発酵（微
生物が分解活動をすること）が進みます。十分小さくなった
ところで、第三胃で水分が吸収され第四胃に入ります。ここ

でこの胃汁とそこに含まれる微生物を消化吸収し、栄養としています。

　第一胃内では微生物が快適に過ごせるよう、一定の温度、一定のPH、一定の栄養（微生物にとっての栄養）があることが望ましいのです。この発酵不良を起こすような飼料給与をすると、様々な消化器疾患が起こります。例として発酵が速い食物（配合飼料）を一度にたくさん食べたり、飼料を急に変更したりすることが挙げられます。

・反芻とは

　1度飲み込んだ草をもう一度口の中に戻して噛み戻すことです。第一胃に入った草は、第二胃と食道の蠕動運動によって再び、口の中に戻り噛み戻されます。

・第一胃（ルーメン）

　4つの胃の中で一番大きく、飲み込んだ食渣を溜めておく場所で、微生物が生息しています。この微生物が繊維を分解し、ヤギのエネルギー源である揮発性脂肪酸（VFA）が生産されます。

・第二胃

　胃の内容物（未消化の食渣）を混ぜる働きをします。反芻の為に食渣を押し戻しています。

・第三胃

　水分とミネラルの吸収を行います。

・第四胃

　粘液や胃酸を分泌して細かくなった食渣や第一胃内微生

物を消化し、吸収を行います。

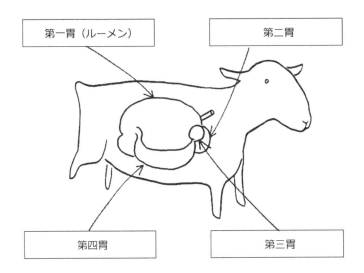

第一胃（ルーメン）

第二胃

第四胃

第三胃

2.ヤギの飼料

　ヤギは草食動物で、複胃を持ち、草を栄養にして生きている動物です。この当たり前のように思えることを、きちんと認識しなければなりません。

　単胃動物にしか馴染みのない方が飼育をすると、犬や猫と同じように配合飼料のみを給与するなどして胃腸の病気になることがよくあります。一方、飼育経験が豊富な飼育者でも、例えば「ヤギは水を飲まない」という間違った慣習が病気の原因になることが頻繁に起こります。この為、給与失宜によるルーメンアシドーシス、鼓脹症や下痢などは非常によく見られる病気となっているのです。

　診断、治療、予防いずれに対しても、問診によりどんな飼

料を与えているかを聴き取り、診察により栄養状態を確認し、必要であればヤギの消化について飼育者に理解してもらうことが大切です。

（1）成ヤギの飼料の基本

①草の給与

成ヤギの飼料の基本は草です。まず草で維持量を満たすことを目標にし、その上で、足りない分を配合飼料で補います。

草の栄養だけで体を維持できない場合、草をたくさん食べていてルーメンサイズも良いのに痩せてきます。腸管が比較的短い為、栄養が低い草だと栄養が充足できないことがあるからです。

またヤギは一種類の草で飼育されている場合、同じ草だと飽きてしまい採食量が足りなくなったり、タンパク質と炭水化物のバランスが取れなくなったりすることがある為、乾草飽食にプラスして、その時々に採取できる草を2種類以上与えてください。

②配合飼料の給与

前述のように草を飽食（食べられるだけ与える）した上で、足りない分を配合飼料で満たすようにします。妊娠末期や泌乳中は栄養消費量が増える為、その分を考慮して増給します。

③採食量に影響する要因

群飼育の場合、ヤギは群の中で順位があり、弱い個体、仲間外れにされているヤギは十分な飼料を与えても食べ負けてしまい、栄養不良になることが度々あります。その場合は、飼料をあげる場所を複数用意する、群を分けるなど環境面での工夫が必要です。ヤギは餌台から落ちた草や汚れてしまった草は嫌います。また、前日残した乾草もあまり食べないので取り替えます。

ヤギは採食行動が一定ではなく、飼料計算による給与量の目安があったとしても体格や飼育環境、飼料成分により大きな誤差が生まれます。ですから「給与した量」は目安であり過信してはなりません。ヤギがきちんと採食しているのか、栄養を吸収できているのかを、体の状態（BCSやRSなど）や便の状態を常に観察・評価し、飼料や環境を調整することが大切です。

④給与量の目安

　　配合飼料＋草2種類以上・乾草飽食＋水
・草の給与
　　基本的に飽食（食べきれない量を与える）
　　日本ザーネン種（約体重60kgとして）　1日当たりの目安[1]
　　体重の2.5～3.0％（乾草の重量として）
　　体重60kgなら　1.5kg～1.8kg
　　草種は2種類以上（草によって、タンパク質と炭水化物の割合が異なるので、バランスをとる為に2種類以上の草を飼料として与えます）

・配合飼料の給与 [1]
日本ザーネン種（約体重60kgとして）　1日当たりの目安
維持　500g
乳生産1kgあたり約500g
妊娠後期　1〜1.5kg
・水の給与
　ヤギの身体を維持するのに必要な水分量は体重60kgで2.6
〜3.7 L といわれています。[1] 飼料には水分が含まれてい
るので、この必要量をすべて飲水から得るわけではあり
ませんが、水を十分に飲めないと、飼料摂取が十分でき
なくなる他、成長の妨げや病気の原因、悪化につながり
ます。そのため、常に新鮮な水を飲めるようにすること
が必要です。また、ヤギは汚れた水もあまり飲みません。
診療の際は、問診で水の給与について聴取することや水
飲み場の観察も大切です。
「ヤギは水を飲みますか？」や「ヤギは水をあげなくて
大丈夫？」と飼育者の方からよく質問を受けます。繰り
返しになりますが、「ヤギは水を飲まない」と思っている
飼育者もいるので注意が必要です。
ヤギは、ごくごくとかぺろぺろではなく、水に口をつけ
てすーっと吸い込むように飲みます。新鮮な青草を食べ
ている時は草に水分が多く含まれているので、量をたく
さん飲まないこともあります。また、ヤギは品種や用途
によって違いますが、肉用のヤギはヒツジの半分の水で
生きることができます。[2] 乾草を食べているヤギや、授乳

中のヤギは水をたくさん飲みます。暑い夏場はさらに飲む量が増えます。水が飲めず体に足りなくなると、食欲が落ちます。そこから体調を崩したり、成長を妨げたりする原因になります。また、器に自分で便を入れてしまうことも多いのですが、水が汚れていると、ヤギは水を飲まなくなってしまいます。ですから、餌をあげる時に、毎日お水を変えて、いつでも自由にきれいな水が飲めるようにしましょう。

・鉱塩
　塩分・ミネラルの補給の為、ヤギが自由に摂取できるように設置します。

(2) 子ヤギの飼料の基本

　子ヤギの時の消化の主役は第一胃ではなく、第四胃です。第一胃はまだ発達していませんので、栄養のすべてを第四胃から吸収しています。

　飲み込まれたミルクは第一胃には入らず第二胃溝を通り、第三胃へ運ばれます。第三胃を通過して第四胃に運ばれたミルクのタンパク質が消化され、子ヤギの栄養となります。生後1～2ヶ月は草から栄養を摂ることができませんので、この間は栄養のほとんどを母乳から摂ります。ですから母ヤギの死亡や育児放棄、乳房炎などで母乳の量が十分でない時は人工哺乳を行う必要があります。

　この間は穀物からも栄養が摂れます。飼育されている子ヤ

ギの場合は母乳に加え穀物を与えます。（ウシでは穀物が第一胃の発達に貢献すると言われています）子ヤギも少量の草を食べますが、栄養源としてではなく胃の発達の為に利用されます。

　生後3～4ヶ月までに第一胃が発達します。正常に発育し草の栄養を利用できる身体になれば離乳させることができます。離乳する時は、実際に草や穀物の摂取状況を観察して、十分量食べられているかを確認してください。

　超早期に離乳された子ヤギや過剰に草を好む子ヤギは、栄養不良や消化器症状を示すことが多いです。哺乳期の子ヤギにおいて下痢を主訴とする症例では、母ヤギ不在にも関わらず、草のみを給与されている事がよくあります。子ヤギの消化器疾患では、月齢に応じた適切な哺乳が行われているか飼育者によく確認する必要があります。

・人工哺乳の目安 [3]
　　3週齢まで　体重の25％
　　4週齢から　体重の20％
・給与例（生時体重3kgの場合）
　　750mlからはじめて体重の増加に合わせて増給
　　4週齢から　（体重9kg）1.8 L

・哺乳回数 [1]
　　生後1週間は1日3回を目安にします。
　　その後、1日2回に切り替えます。

離乳の目安は50日〜60日ですが、必ず日齢だけで判断せず配合飼料や草を十分量食べているか、体格や便に異常がない事を確認しましょう。

コラム 初乳は必須!!

　ヤギは生まれてすぐは病気に対する抵抗力（免疫）がありません。母ヤギの免疫抗体が胎内で胎盤を通して行われないからです。生後、母ヤギの初乳を飲むことで、母ヤギから移行抗体を付与され、免疫を獲得します。

　抗体を吸収できる期間はとても短く、生後24時間から36時間といわれています。[1) その為、出生時、1日〜2日は初乳を十分飲ませる必要があります。ヤギ専用の初乳製剤は販売されていない為、乳量の多い母ヤギが分娩した場合は、初乳を絞って冷凍保存しておくと、母ヤギの死亡や不調により初乳が足りない場合に解凍して使用することができます。

参考文献

1) 中西良孝（2005）：めん羊・山羊技術ハンドブック（田中智夫・中西良孝　監修），p 111，117，119，154-155，公益社団法人畜産技術協会.

2) 独立行政法人　家畜改良センター長野牧場業務課　編集協力：

　　ヤギってどんな動物？，　社団法人　畜産技術協会．

3）独立行政法人　家畜改良センター茨城牧場長野支場（2013）：
　　家畜改良センター　技術マニュアル6　山羊の飼養管理マニュ
　　アル，　p20，　独立行政法人　家畜改良センター　企画調整部
　　企画調整課．

3.栄養状態の評価（BCS、RS）

　数値的に正しい飼料設計、給与をしても、ヤギの栄養状態
が十分でない場合があります。ヤギは飼料の選り好みをする
他、豊富な草を食べてヤギが満腹でも、草の栄養素が低い時
やバランスが悪い時は、「お腹一杯だけど栄養が足りない」
状態になるからです。また、群れでの飼育の場合、強い個体
ばかりが食べてしまい、弱い個体やいじめられているヤギが
全然食べられないこともあります。その為、ヤギの栄養状態
と飼料摂取状況を評価する為に食欲の有無、便の状態ととも
にBCS（ボディコンディションスコア）とRS（ルーメンサイズ）
を利用して適切な栄養が摂れているか評価する必要がありま
す。

（1）BCSによる評価の仕方[1]

　BCSは端的に言えば脂肪の厚さ
を見た目で判断する尺度です。
横突起あたりの断面の形を利用し
て、太り具合を数値化します。

横突起のあたりの
断面を利用

BCS評価測定部位

BCS1	脊椎は目立ち、とがっている。触診できる脂肪の層はなく、筋肉はほとんどない。	
BCS2	脊椎は目立つがそれほどとがっていない。脂肪と筋肉の薄い層がみられる。	
BCS3	脊椎は目立たないが、あるのを感じることはできる。ほどよい筋肉の層と薄い脂肪層がある。	
BCS4	脊椎は目立たず、うすい脂肪層に覆われている。筋肉はたくさんあり、かなり厚い脂肪の層で覆われている。	
BCS5	脊椎は簡単には蝕知できず、脂肪の層に覆われている。筋肉はたくさんあるが脂肪によって隠れくいる。胴体は内部の脂肪沈着がある為に外側へ広がっている。	

（2）RSによる評価の仕方 [2]

　ルーメンサイズ（RS）とは、採食量（乾物摂取量）の推定を行う方法です。草の量が十分摂取できているのかという確認ができ、BCSの測定と合わせて行うと、栄養状態と草の摂取量の関係がわかり易くなります。例えば、RSの値が3.5で草をたくさん摂取していても、BCSの値が低く痩せている時は、草の栄養が足りていない、配合飼料の量が少ないということがわかります。

　RS測定方法

・測定者はヤギの右側に立つ（ヤギが小さい時は膝をついて立つ）

・左腕を横突起辺縁のあたりにまっすぐ伸ばす

・指を曲げて測定する

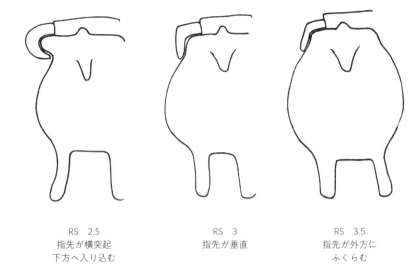

RS　2.5
指先が横突起
下方へ入り込む

RS　3
指先が垂直

RS　3.5
指先が外方に
ふくらむ

参考文献

1）Gianaclis Caldwell（2017）：Holistic Goat Care a comprehensive guide to raising healthy animals, preventing common ailments, and troubleshooting problems, p129-131,   Chelsea Green Publishing.

2）社団法人　全国家畜畜産物衛生指導協会　企画（2001）：　生産獣医療を目指して・テキストシリーズ⑤　生産獣医療システム　乳牛編３，　p9-10,　社団法人　農山漁村文化協会.

4.飼育環境（臨床上、特に注意する点）

　ヤギの飼育方法は、舎飼いと（舎内つなぎ飼い、舎内放牧、舎飼いと運動場併設）放牧があります。いずれの方法も、ヤギが快適で衛生環境を保ち、病気に罹りにくいことや飼育者がヤギの観察と作業をし易い環境が大切です。

　病気予防の観点から飼育者に指導する時、特に重要なのは（1）湿気対策　（2）換気　（3）飼育密度　（4）脱走防止・ケガの対策です。

（1）湿気

　ヤギは湿気を嫌う動物です。その為、ヤギ舎は乾燥が保たれるような高床の構造で糞や尿が下に落ちる状態が好ましい環境です。高床が難しい場合は、床の掃除や敷料の交換をこまめに行い、湿潤環境を防ぎます。

　放牧の場合や運動場には、雨が降った際に、ヤギが雨に濡れないように避難できるような場所に屋根を作成し、また足元がぬかるむのも嫌うので、ヤギが土から上に上がれるような場所を作ります。

じめじめは嫌いー！

(2) 換気

換気は呼吸器の感染症の予防の為に大切です。ヤギ舎内に二酸化炭素やアンモニアがこもると呼吸器の感染症に罹患し易くなります。

(3) 飼育密度

ヤギの飼育密度が高くなると群内の敵対行動が増え、弱い個体が採食できなくなります。[1] その為、ヤギの飼育頭数を適切に保つ必要があり、多頭飼育する場合1頭当たりの飼育スペースは8㎡以上確保することが望まれます。[2]

(4) 脱走防止・ケガ対策

ヤギは跳躍能力が高く、ヤギ舎の壁や柵を簡単に乗り越え、また柵の隙間からもくぐりぬける脱走名人です。ヤギが小屋や柵から抜け出そうとする際に思わぬ  事故が起こり、骨折などのケガや首つり事故などで命を落とすことがあります。ヤギ小屋を製作する際や柵を作る際は、高さや隙間に注意が必要です。子ウシ用のカウハッチを使用する際も、子ウシでは問題にならない隙間に肢や首を挟むことがあるので、隙間を塞ぐなどの対策が必要になります。また、野犬により被害を受けることもあるので、ヤギ舎に野犬が侵入できないようにすることや放牧場に野犬が侵入しない

ような柵を作ること、夜間はヤギを小屋に入れるなどの対策が必要になります。

参考文献

1) 中西良孝　編集 (2014)：シリーズ＜家畜の科学＞3　ヤギの科学, p 39,　朝倉書店.

2) 中西良孝 (2005)：めん羊・山羊技術ハンドブック（田中智夫・中西良孝　監修），　p 131,　公益社団法人　畜産技術協会.

5.削蹄

（1）蹄の構造と解剖

　ヤギの蹄の構造は外側が硬く伸びが早く、内側が柔らかいお椀型の蹄になっています。木や岩に登ることも得意です。

　ヤギの蹄は、1ヶ月で約2mm伸びます。[1] 雌は1～2ヶ月に1回、雄は1ヶ月に1回の頻度で削蹄を行いましょう。

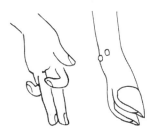

蹄底は「指のはら」にあたります。蹄壁はヒトの「爪」が外側に巻き込んだような構造をしていますので、外側と前側が伸びていきます。

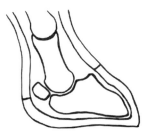

蹄の内部には三角形の末節骨が入っています。外から骨は見えませんが、横から見たこの骨の形を目指して削蹄します。
蹄先部を切る長さは外貌からはわかりにくいので、徐々に削るように切ってください。

（2）削蹄の道具

植木用の剪定ばさみや盆栽用のはさみ

はんだごて（止血用）

（3）基本の削蹄

①蹄につまった土を取り除きます。

②蹄の外側の巻き込んだ外壁を切り取ります。

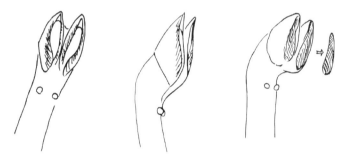

伸びた蹄：蹄壁が蹄底に巻き込んでいます。巻き込んだ部分を切り取ります。

③内側の伸びた部分を外側同様に切ります。

④伸びた部分を蹄底の高さ（クッションの高さ）まで切り
ます。

　蹄底はヒトでいう指の腹に相当します。ヤギの蹄底はお
椀型になっていて、もともと平らではないので、ウシの
ようにクッション自体を平らにする必要はありません。
重度の過長蹄で蹄底が肥厚し変形している場合は形を整
えます。

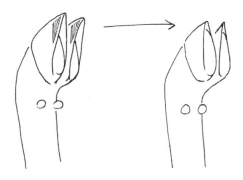

内側、外側とも、伸びている部分をクッションの高さまで削ります。

⑤左右の蹄が同じ高さになるように切り
　ます。
　後ろから見た時に内蹄、外蹄の高さが
　同じになるように蹄壁の高さを調整し
　ます。
　通常は必要ありませんが、蹄底が肥厚
　している時は、蹄底を削って成形しま

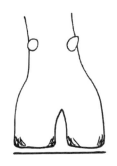

　す。指で圧迫して厚みを確かめながら削り、概ね末節骨
　の底面と平行になるようイメージして成形します。

⑥先端が鋭利な場合、変形している場合などは必要に応じ
　て先端を少しずつ出血させないように切ります。

・出血させないコツ
　削蹄時、特に先端を切る時に切り過ぎてしまい出血する
　ことがあります。出血させないコツは、蹄の構造を理解

することと、特に先端は「切る」のではなく「少しずつ
削っていく」ことです。さらに見るだけでなく削る、指
で押して硬さを確かめる、を繰り返して慎重に進めます。
赤い血が透けて見えたり、角質が薄く柔らかくなってき
たりしたらそれ以上削ると出血してしまいます。

・出血した時の対処法

それでも出血した場合、少量の出血であれば止血パウダー
と包帯などで対処するか、重度の場合は緊急処置として
はんだごてで焼いて止血をします。蹄からの出血で全身
状態に影響を与えることは少ないと思いますが、なかな
か止まりにくい場所です。

出血部位を清潔に保てない環境では抗生物質を投与する
ことに加えて、破傷風の常在地域では破傷風トキソイド
の接種をおこないます。

参考文献

1) 独立行政法人　家畜改良センター茨城牧場長野支場（2013）：家
畜改良センター　技術マニュアル6　山羊の飼養管理マニュアル,
p25,　独立行政法人　家畜改良センター　企画調整部企画調整課.

第5節　繁殖と分娩

1.繁殖生理

（1）季節繁殖について

①雌ヤギの繁殖季節

　一般的には雌ヤギの多くは秋になる（日の長さが短くなる）と繁殖季節を迎えます（9月～1月）が、ヤギの発情は品種や地域の違いで季節繁殖を示す場合と周年繁殖を示す場合があります。

・ヤギの品種で考えると・・・[1]

ザーネン種・アルパイン種は季節繁殖

ボア種・シバ山羊・トカラ山羊は周年繁殖

・地域で考えると・・・

高緯度の地域　季節繁殖

低緯度の地域　周年繁殖

　なぜ、ヤギの繁殖季節に緯度が関係するのでしょうか？日が短くなり、夜が長くなるとヤギの目の網膜が日長の減少を感知します。すると夜の暗いときに出る「メラトニン」というホルモンが増えます。このメラトニンがさらに発情に関連するホルモンの分泌を促して発情シーズンが始まっていきます。高緯度の地域は日長の変化が大きい為、このような仕組みで季節繁殖を示しますが低緯度の地域は日長の変化が小さい為はっきりとした繁殖季節を持たず周年繁殖を示す傾向になります。[2]

②雄ヤギの繁殖季節

　雄ヤギは1年中交尾をすることが可能です。[3]（季節繁殖型の雄ヤギも可能）しかし雌ヤギの繁殖季節の方が性欲も高まり射精回数も増加、精子の活動能も高まります。

コラム 宮古島のヤギの発情はどんな感じ？

　宮古島は日本の中でも緯度が低い地域です。ヤギの発情は季節繁殖でしょうか？周年繁殖でしょうか？島のヤギの品種はザーネン種がもとの雑種が多いので季節繁殖を示すヤギが多いですが、地域の特性（緯度が低い）や雑種の品種の混ざり具合によって、周年繁殖を示すヤギもいます。

(2) 発情周期と発情適期

　ヤギは繁殖季節になると21日に1回発情を繰り返します。その発情は40時間程度続きます。そして、雌ヤギの排卵は発情開始後30～40時間におこります。つまり、発情の終わり頃に排卵していることになります。一方、雄ヤギの精子は雌ヤギの生殖器内での授精能保有時間が40～50時間あります。排卵前に精子が待っている状態を作ってあげると妊娠の可能性が高くなりますので、授精適期は発情開始から20時間～40時間となります。自然交配の場合は雌ヤギの発情が見られたら、2～3日間一緒にしておくと交尾の機会が何度も訪れ妊娠への可能性が高くなります。人工授精をする時は、1回授精では発情開始から24時間後、2回授精では発情開始から12時間後と24時間後を目安に人工授精を行います。人工授精の場合、1回の授精よりも2回行う方が、受胎率が高くなります。[2]

　※発情周期と授精適期まとめ

　・ヤギの発情周期は21日（18日～23日）

・発情持続時間は40時間（20～60時間）

・発情適期は発情開始から20時間～40時間

・交配のタイミングの取り方（人工授精の場合）

朝、雌ヤギの発情が見られたら

→夕方に1回目の授精、次の日の朝に2回目の授精

夕方、雌ヤギの発情が見られたら

→次の日の朝に1回目の授精、同日の夕方に2回目の授精

（3）発情の見つけ方

　ヤギの発情行動は、しっぽをふる、鳴く、フレーメン、粘液が出る、陰部がぽってり充血するなどでわかります。

　群れで飼育している場合、発情している個体は、餌をあげた後、のんびりしている時でもヤギではなく飼育者の方に寄ってくることでわかることがあります。その際、近くに来るとしっぽをふりふり振ります。

　単頭飼育の場合、餌をあげる際にいつも以上にヤギがじゃれてくる、ずっと鳴いている、近づいた時にしっぽを振るといった行動が見られます。加えて、陰部全体の充血や、粘液が出ているのが見られることがあります。

　また、農場に雄ヤギがいる場合は、雄ヤギを使ってチェックすることができます。まず雄ヤギに首輪をつけて散歩用のリードをつけます。そして、雌ヤギの群れに雄ヤギのリード

を引きながら近づくと、発情が明確な雌ヤギは自ら近づいて
きます。正確に発情個体を見つけるには、1頭ずつ雌の陰部
の匂いを雄ヤギにかがせます。発情している雌は、匂いをか
がれることを嫌がらず、しっぽを振ります。そのまま雄ヤギ
を乗駕させた場合、発情している雌は嫌がらず、乗られて動
きません。発情チェックだけの場合は、しっかり雄ヤギのリー
ドを持っていないと、交配してしまう事があるので注意が必
要です。上記の様々な発情兆候を記録に残し、概ね21日後に
再び発情が来れば、その個体の発情周期を把握したことにな
り、次の発情を予測することができます。

　分娩後のヤギの子宮修復は21日～28日で[2]、分娩後40～
60日で発情が起こります。[1]

（4）交配の方法

①自然交配（本交）

　発情期の雌と雄を一緒にして自然に交配する方法です。
雌の発情期にのみ、雄と数日同居させる方法では、その
後の妊娠鑑定や分娩日の推測が可能です。しかし、実際
は、雌の群れの中に雄ヤギ1頭を常時同居させ自然交配を
するところが多く見られます。この方法では、交配日が
不明な為、分娩日の推測が難しいこと、妊娠していると
思っていたら妊娠していなかったということが起こります。

②人工授精

　ヤギの人工授精には、液状精液を使用する方法と凍結精
液を使用する方法があります。

・液状精液　採取した精液を専用の希釈液で希釈し、冷蔵
　保存されたもの。

5℃で1週間程度の冷蔵保存が可能。

・凍結精液　採取した精液を凍結し、液体窒素で保存した
　もの。

液体窒素の中で長期の保存が可能。

③人工授精の方法

（1）ヤギを保定台に保定する。

（2）陰部の汚れを落とし消毒する。

（3）潤滑ゼリーを塗った膣鏡を挿入する。

（4）精液ストローを38℃～40℃で10秒漬けて融解する。[2]

（5）融解した精液ストローを注入器にセットする。

（6）外子宮口を確認し、外子宮口に当てて精液を注入する。
　　　子宮頸管には5層程度の襞（皺）があり、この襞を注
　　　入器の先で優しく避けつつ、くぐりぬけるように襞を
　　　越えて深部に注入した方が、受胎率が高いという報告
　　　があります。[2]しかし、子宮頸管への無理な挿入は出
　　　血を招き受胎率を低下させる為、頸管通過が難しい場
　　　合は出血させないように外子宮口や浅部に注入します。

ヤギの人工授精では保定台がとても重要
です！暴れるのでウシと同じようにはで
きません。
両後肢を高く上げ、内臓の重みで膣を前
方に引き延ばすように工夫すると外子宮
口が見えやすくなります。

（5） 角遺伝子と間性

　ヤギは、間性といわれる生殖能力のない個体がしばしば見られます。外生殖器の状態により雌型から雄型まで5形態に分類されます。[4] 間性は雌のヤギだけに出現します。間性のヤギが出現する要因として角の有無の遺伝子が関係しています。その他、染色体異常、フリーマーチン、生殖器の発生経路を阻害する異常なども間性の原因となりますが、ヤギでは無角遺伝子による間性の問題が多く報告されています。[3] 無角のヤギは、除角の必要がなく、角による危険性がない為、飼育管理が容易などの理由で好む飼育者もいますが、繁殖に用いる場合は注意が必要です。間性の雌ヤギが産まれないように飼育者に交配を指導する場合は、角のあるヤギ同士の交配を推奨します。

　角遺伝子と間性のまとめ [5]

・角の遺伝子と間性の発現が関係している。

・無角遺伝子（優性）と有角遺伝子

・間性は雌だけに出現

・有角と有角の交配では間性は生まれない。

　無角個体が繁殖に用いられる際の間性の出現の可能性

　無角個体のパターンには以下のA~Cがあります。

　A　無角雄（無角遺伝子がペアになったホモのもの）

　B　無角雄（無角・有角遺伝子のヘテロのもの）

　C　無角雌（無角・有角遺伝子がヘテロのもの）

※無角ホモの雌は間性となるため、繁殖できる無角雌はす

べてCである。

　　・A×Cの交配＝全体の1／4に間性が生まれる可能性あり。

　　・B×Cの交配＝全体の1／8に間性が生まれる可能性あり。

　ウシでは雌雄の多胎の場合、雌の92〜93％は生殖器に先天異常が起こり不妊症になります（フリーマーチン）。[6] このようにフリーマーチンはウシでは大きな問題になりますが、ヤギでの報告は少ないです。ヤギの雌雄双子や3つ子はよく見られますが、これが原因で生殖器に異常がある雌が生まれることは多くはありません。

（6）季節外繁殖と発情同期化

　日本にいるヤギの多くは季節繁殖であり、決まった時期（秋）に繁殖季節を迎えます。その為、ヤギ乳やヤギ肉の安定生産は難しく、畜産業として成立させ難いという現状があります。この問題を解決する為に、日照時間のコントロールやホルモン処置による季節外繁殖が試みられています。またこの方法は、発情のタイミングを合わせて人工授精を効率化する発情同期化の目的でも利用されます。

コラム 膣内クリーム法を現場でやってみよう！

　膣内クリーム法とは、発情調節のための治療法で、クリームの中に黄体ホルモンを練りこみ、このクリームとスポンジを膣内に入れて、一定期間挿入した後にスポンジを抜きます。黄体ホルモンを膣の中に一定期間挿入しておくと、人工黄体

として機能します。これを除去すると、卵胞が発育して発情がおきます。ウシでは膣内留置型黄体ホルモン製剤を用いた発情同期化は一般的ですが、これと原理は同じです。シリコン樹脂の中に黄体ホルモンを含ませた製剤が市販されています。現在日本ではヤギ用の膣内留置型黄体ホルモン製剤を入手することができませんが、これを自作する方法が膣内クリーム法です。ヒツジで確立されている「膣内クリーム法」[7]を用いたヤギの発情同期化を、宮古島内の牧場で実際に実施しました。

①使用した器具と薬品

（1）アプリケーター

　　クリームとスポンジを膣に挿入する道具です。

　　注射のシリンジを使用しました。

（2）スポンジ

　　クリームを膣内に留めておくものです。

　　食器用のスポンジの固い部分をはがして使用しました。スポンジの真ん中に釣糸を付けて、膣から引き抜けるようにしました。ヤギの大きさに合わせて作成します。

（3）膣内クリーム

　　抗菌剤入りのクリームに、黄体ホルモンをすり潰し練りこみました

（4）4.ホルモン注射薬

　　PMSG

②方法

（1）クリームとスポンジを挿入　10日間
　　（毎日糸を確認して抜けていないか確認）
（2）11日目　PMSGの注射
（3）12日目　スポンジを抜く
（4）5日間　雄ヤギと一緒にする
（5）40日でエコーによる妊娠鑑定
③結果

　　3回の発情同期化を実施し、7頭中5頭が妊娠することができました。クリーム法での発情同期化は現場でも簡単にでき発情兆候もわかり易いものでした。

参考文献

1）おきなわ山羊生産振興対策事業（2018）：山羊繁殖管理マニュアル，p1-2，沖縄県

2）独立行政法人　家畜改良センター茨城牧場長野支場（2011）：家畜改良センター　技術マニュアル10　山羊の繁殖マニュアル，p 7，9，26-27，30，独立行政法人　家畜改良センター　企画調整部企画調整課.

3）中西良孝　編集（2014）：シリーズ＜家畜の科学＞3　ヤギの科学，p100,P144-145，朝倉書店.

4）社団法人　日本緬羊協会（1996）：平成7年度　めん羊・山羊技術ガイドブック作成事業　めん羊・山羊技術ガイドブック，p206-207，社団法人　日本緬羊協会.

5）独立行政法人　家畜改良センター茨城牧場長野支場（2017最終更新）：　間性について　間性とは，インターネットホームペー

ジより　2022年2月1日参照.

http://www.nlbc.go.jp/nagano/kachikubumon/yagi_kansei/

6）田高 恵（2008）：　黒毛和種フリーマーチン牛における外部生殖器の重度奇形，　岩獣会報（Iwate Vet.），Vol. 35（No. 1），11－13.
7）河野　博英（2003）：めん羊の発情誘起　膣内クリーム法，シープジャパン，　No48：p2-4，社団法人緬羊協会.

2.妊娠鑑定

　妊娠鑑定を確実に、適切に行えることは、畜産としてヤギ飼育をしている場合、生産性を上げる為にもとても重要です。また、伴侶動物として飼育されている場合でも、子ヤギの誕生を望まれることがあり、妊娠鑑定により妊娠を確定したり、分娩予定日を推定し安全な分娩をさせたりする為に有用です。ヤギはウシと違い人工授精での妊娠が少なく、交配日が不明なことが多いです。妊娠鑑定を行う時期によってはいずれの方法も不妊検出率が低いので確定させることが難しい側面があります。その為、いくつかの妊娠鑑定法、ノンリターン法、触診法、超音波診断法を組み合わせて精度を高めます。

　発情していた時期が明確で、交配日がわかる時は、40日〜50日で直腸からの超音波画像診断を行うと、比較的精度が高い診断が可能です。羊水、胎児、そして胎児の心拍を確認できます。

(1) ノンリターン法

　発情を見つけ、交配後、次の発情が再び来るかどうかで妊娠を判断する方法です。

　・時期

　発情後21日前後

　・判定法

　発情がきた→妊娠していない

　発情が来ない→妊娠している

(2) 超音波診断法（経直腸超音波法）

　ウシの診療を日常に行っている獣医師の場合、プローブがリニアレクタル型のエコーである場合が多いと思います。これにアタッチメントをつけると経直腸からの検査が行えます。リニアレクタル型のプローブが使用できる場合は、

潤滑剤をつけてやさしく直腸内（肛門）に挿入します。

経体側のアプローチより経直腸アプローチの方が、鮮明な画像が得られ判断が容易です。

　・時期

　　人工授精後40～50日

　・判定方法

　　プローブにアタッチメントを装着し、潤滑剤などを塗布し肛門からプローブを挿し込みます。妊娠している場合、

羊水、胎児・胎児の心拍が確認できます。

アタッチメントは、ウシの膣内留置ホルモン製剤を挿入する器具を使って手作りすることができます。

リニアレクタル型のプローブ

ウシの膣内留置ホルモン製剤の挿入具を熱成形してアタッチメントを作ります。

（3）超音波診断法（経腹超音波法）

超音波診断装置を用いて、体側からプローブをあてて妊娠を判断する方法です。

・時期

　人工授精後32〜50日以内[1]

・判定方法

　乳房の付け根にプローブをあてて、羊水に浮かんだ胎児を確認します。

（4）触診法

後ろから腹部を抱えるように持ち上げる方法です。触診法は出産の時に1番目の子ヤギが生まれた後、第2子がいるか確認する為にも有効です。

圧迫するように持ち上げると、妊娠していれば手に赤ちゃんの感触を感じることができます。

・時期

　妊娠後期　妊娠4ヶ月以降[2]

・判定方法

　触診でお腹の中の赤ちゃんの感触を感じる。

　右側のお腹で胎動を確認できる。

(5) 妊娠日齢と胎児の大きさ [3]

　ヤギが妊娠した後、胎子は子宮内でどんどん大きくなっていきます。胎児の発育はどのように進むのでしょうか？

妊娠日齢	胎子体長	
12日	0.2cm	
18日	0.6cm	
25日	1.0cm	
35日	2.0cm	
42日	3.0cm	*超音波での妊娠鑑定の時期
56日	5.0cm	
63日	9.0cm	
84日	16.0cm	
＊ここから急速に成長　母ヤギの栄養不足に注意!!		
140日	50.0cm	
150日	分娩	

　上記のように、妊娠鑑定の時期の赤ちゃんの大きさはまだ3cmです。こんなに小さくても超音波で見ると小さな心臓が動いているのが見えます。そして、胎児は3ヶ月目に入る頃から急速に大きくなります。その為、母ヤギの栄養をこの頃

から補充する必要があります。目安として、今まで給餌していた餌をヤギの状態をみながら20％増やします。[3]また、ヤギでは妊娠35日～45日と90日～115日の間に流産が起こりやすいので、母ヤギの栄養状態、感染症などに注意が必要です。[2]

参考文献

1）おきなわ山羊生産振興対策事業（2018）：山羊繁殖管理マニュアル，p5，沖縄県

2）独立行政法人　家畜改良センター茨城牧場長野支場（2011）：家畜改良センター　技術マニュアル10　山羊の繁殖マニュアル，p33-34，独立行政法人　家畜改良センター　企画調整部企画調整課．

3）社団法人　日本緬羊協会（1996）：平成7年度　めん羊・山羊技術ガイドブック作成事業　めん羊・山羊技術ガイドブック，p209，社団法人　日本緬羊協会．

3.分娩

（1）正常な分娩経過

　ヤギの分娩は、安産であることが多いといわれています。実際、ヤギの飼育者からは「自然に生まれていた」「難産はみたことない」という声を聞きます。しかし、難産での診療依頼は度々あります。正常なお産の進み方を覚えることで異常の発見が早くなり、適切な指示や分娩介助へと繋がります。

　ヤギの正常なお産の進み方（飼育者へ説明用）

①陣痛開始

　ごはんを食べなくなる

　うろうろする

　地面をひっかく動作　など

②1次破水

　多量の水（羊水：おしっこ3回分くらい）がでる

③足胞（水風船のようなもの）がでる

　風船の中に蹄が2本見える

④2次破水

　粘性のある液体がでる

※重要!!ここからお産がスムーズに進まないときは注意。

　飼育者の方は獣医師に連絡しましょう。

⑤肢2本と鼻がでる

⑥頭がでる

⑦からだがでる

⑧赤ちゃんヤギ誕生

あしがでて・・・

顔がでて・・・

からだがでてきます！

（2）分娩が始まる兆候

ヤギの分娩兆候には以下のようなものがあります。経験的に一番見つけ易いのは、「食欲が落ちる」ということでした。病気による不調でも食欲が落ちるので、この時はいずれにしても健康状態の確認が必要になるかもしれません。

ヤギの分娩兆候

・尾の付け根がゆるむ（しっぽの横に凹線が見えてくる）
・乳房が肥大化する
・陰部の腫脹、陰部から粘液がでる
・食欲が低下する
・落ち着きなく歩き回る
・腹部が大きく膨らみ下方に移動する

（3）分娩時異常の判断

ウシとヒツジでは陣痛から1次破水まで2時間から6時間程度ですが、ヤギでは12時間もかかることがあります。[1] ウシでは陣痛開始から2時間経過しても1次破水しない場合はご連絡いただくようにしていますが、ヤギではウシと比べて陣痛の時間が長いことがある為、分娩初期の異常を発見するのが難しいです。

異常がないか確認する必要がある状況

①陣痛が始まってから半日経過しても生まれない時
②陣痛が始まって経過時間に関わらず激しく苦しんでいる時
③胎盤が胎児より先に出た時
④2次破水したあと１時間以上お産が進まない時

これらの時は、内診して産道や胎児の状態を把握しなければなりません。産道の異常（骨盤狭窄、頸管拡張不全）、胎児失位（胎向や胎位の異常）、子宮捻転、過大胎子、奇形などにより産道の通過ができない場合があるからです。異常が見つかった場合はこれらを整復して分娩させます。

（4）分娩介助の方法

陰部から手を挿入して、産道と胎位の確認をします。

①産道の拡張を確認

・胎子の頭部が十分に通れる広さであるか確認します。

・子宮捻転がないか、産道内壁をくまなく触診します。

②胎位の確認

・前肢か後肢かを確認

前肢と後肢の区別の仕方は肢端から2番目の関節を触って確認します。前肢の時は膝関節（人間の手首の関節に相当する）が触れます。後肢のときは飛節（かかと）が触れます。膝関節は蹄底の方向に曲がります。飛節は蹄底と反対側に曲がるので、内診でどちらかを確認してください。蹄の向きだけで判断しようとすると診断を誤るので、必ずこの関節を確認するようにしてください。

前肢

後肢

・頭の向きを確認

　前肢が2本確認できたら、頭が前に向いているかを確認します。横に曲がっている時はきちんと前を向くよう整復します。

・正常な胎位とは？

　正常な胎位は2つ。①背骨が上で前肢2本と頭が触れるもの。②背骨が上で後肢2本が触れるもの。その他はすべて異常です。見えないところで胎位を把握しなければなりませんが、正常であることが確認できない時はあきらめずによく触って胎位を把握し、正常な胎位に整復してください。

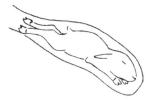
背骨が上、後肢2本

背骨が上、前肢2本と頭

③牽引

　産道が十分開いていて、正常な胎位であれば牽引して産ませることもできます。

　頭に手を添えて、ゆっくりいきみに合わせて肢を引きます。腹圧で押し出されるのを補助するように、一定の力をかけ続けます。

　もちろんなるべく早く産ませたいのですが、焦って無理に強く引くと母子ともに怪我をすることがあり、最悪の

場合は死亡や廃用につながります。あくまで母ヤギ本人が分娩するのを介助すると心がけてください。

頭に手を添える広さがない時は後頭部にロープをかけます。肢は大抵手で牽引できますが、状況によりロープをかける必要がある時は、副蹄より上（体側）の細い部分に掛けます。後肢2本の場合は肢のみを引いて大丈夫です。

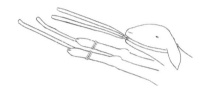

頭にロープをかける時は耳の後ろを通して口の中で輪になるようにします。
先に前肢、続いて頭が産道を通るように誘導しながら牽引します。

④双子以上の確認の仕方（1頭生まれた後に確認する方法）

正常な分娩の場合、1頭目から次の赤ちゃんヤギは1〜2時間の間に生まれます。1頭目が生まれた後、まだお腹に入っていないか確認しましょう。

・お腹を持ち上げる方法

乳房の付け根を上に持ち上げるとお腹にいる赤ちゃんヤギを確認することができます。

・手を入れて確認する方法

手を良く洗った後、陰部に手を挿入し、子宮の中を直接確認します。

⑤分娩介助の時にあると便利なもの

・直腸検査用手袋

・各種ロープ

ナイロンの洗濯ロープは滑りが良くからみにくいので
使用い易いです。

・ホース　人工呼吸用

・潤滑剤

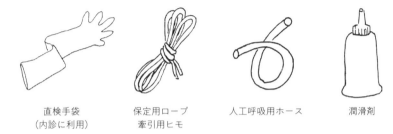

直検手袋　　　　　保定用ロープ　　　人工呼吸用ホース　　　潤滑剤
（内診に利用）　　牽引用ヒモ

（5）新生児の蘇生

　生まれた赤ちゃんヤギの呼吸が見られない場合や呼吸が弱
い場合は、蘇生や呼吸促進を行います。

・後肢を持って逆さまにぶら下げて羊水を吐かせる。

・鼻の奥をつまんで刺激して呼吸促進する。

・皮膚に冷水で刺激を与えて呼吸促進する。

・前肢をぱたぱたと広げて胸郭を広げる。

・呼吸が発現しない時は、ホースを用いて人工呼吸する。

・心肺停止に陥ったら、心臓マッサージする。

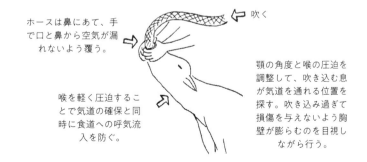

ホースは鼻にあて、手
で口と鼻から空気が漏
れないよう覆う。

吹く

喉を軽く圧迫するこ
とで気道の確保と同
時に食道への呼気流
入を防ぐ。

顎の角度と喉の圧迫を
調整して、吹き込む息
が気道を通れる位置を
探す。吹き込み過ぎて
損傷を与えないよう胸
壁が膨らむのを目視し
ながら行う。

参考文献

1) 独立行政法人　家畜改良センター茨城牧場長野支場（2013）：家畜改良センター　技術マニュアル6　山羊の飼養管理マニュアル，p4，独立行政法人　家畜改良センター　企画調整部企画調整課．

第3章

よくあるヤギの
病気と診療 20

本章では、疾患の基礎知識と合わせて実際に私が経験した症例を解説します。症例によってヤギの診療に対する理解を深め、実践に生かしていただきたいと思います。

※ご注意

本章で使用している薬剤は、添付文書の対象動物にヤギが含まれていないものや、用量が添付文書の通りでないものが含まれていますが、当該症例に限りやむを得ず必要と判断され獣医師の責任のもと処方されたものであり、他の症例にも用法外使用を推奨するものではありません。また薬剤ごとに規定された用法用量に異議を唱えるものでもありません。実際に使用する際は獣医師の診察の上、薬剤添付書の用法、用量、及び出荷制限を確認し使用してください。

1.腰麻痺 1) ・2) ・3)

(1) 腰麻痺とは

腰麻痺とは指状糸状虫という寄生虫がヤギの脳や脊髄に入り、神経を損傷する病気です。感染後、2週間〜1か月後に症状があらわれます。

(2) 原因

中間宿主の蚊がヤギを吸血した際に指状糸状虫の子虫がヤギの体内に入り、脳脊髄へ迷入し神経障害を引き起こします。

・指状糸状虫の感染経路 2)

指状糸状虫の感染経路

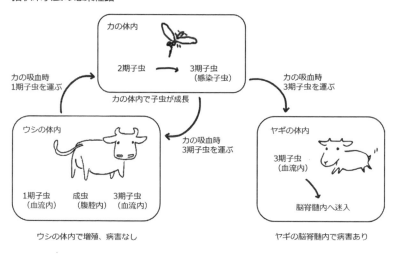

（3）症状

・ふらつく・立たない（前肢・後肢）・斜頸など

症状は神経が損傷された部分によって異なります。

（4）獣医師の治療

・駆虫薬の投与

イベルメクチン　0.2m g ～0.3m g /kg s.c　2～4日間投与 [4]

・抗炎症剤の投与

デキサメタゾン　0.1m g /kg i.v [3]

※経験的には0.05m g /kg s.c程度で効果が見られます。

※妊娠時禁忌（流産を誘発する為）

イベルメクチンとデキサメタゾンの併用が有効です。[3]

雄や妊娠していない雌にはデキサメタゾンを併用します。

- 抗生物質の投与　症状にあわせて選択
  アンピシリン　5〜10mg/kg i.m [5]　など
- ビタミン剤の投与（フルスルチアミン）
  アニビタン1頭あたり10〜100mg s.c i.m i.v　（薬剤添付書
  参照）
- その他　症状に合わせた対症療法
- 輸液療法
- 整胃腸剤の投与
  褥瘡の治療、便秘の治療など

（5）飼育者ができること
- 獣医師に連絡をする。駆虫剤の早期投与が必要です。
- リハビリを行う。
  回復期のリハビリがとても重要です。特に立てない時は
  毎日数回ヤギを立たせること、姿勢を変え肢の血行障害
  を防ぐことが重要です。また、子ヤギが感染し、哺乳が
  自力でできないときは人工哺乳で補助します。
- 蚊の発生を防ぐ為、水たまりを作らない工夫や忌避剤を
  設置する。

- 腰麻痺の予防について
  予防は感染リスクのある時期に駆虫剤の定期的な投与を
  行います。
  イベルメクチン　予防時　0.2mg/kg s.c [3]
  月に1回の予防的投薬が推奨されている場合があります

が、①腰麻痺は蚊が運んできます。②感染から発症まで
は早い時は、２週間です。③沖縄では1年中、蚊が発生
しています。④イベルメクチンの消化管内耐性寄生虫の
問題があります。以上４点を考慮すると完全な予防をす
る為には2週間に1度の投薬が必要となります。しかし、
消化管内耐性寄生虫の発生を助長する可能性もある為、
完全な予防は困難です。ですから薬剤による予防を考え
るのではなく、早期発見をして治療するという方針が現
実的と考えています。

　その他の予防策として、蚊の発生を防ぐこと（水たまりを
作らない、蚊取り線香を設置）や固有宿主のウシと離して飼
育するなど感染機会を減らす対策があります。

（6）症例1　前肢に麻痺が出た場合

　「昨日からヤギがずっと座りっぱなしで立たない」との主
訴で診療依頼を受けました。推定体重70kg、分娩後2か月の
ヤギが昨日から起立不能というお話でした。ヤギが起立不能
の時に考えられる病気は腰麻痺の他に以下の病気があげられ
ます。（詳しくは、第２章4.主訴から診断に至る手順「立て
ない」を参照してください）

・骨折や捻挫などの運動器の障害
・鼓脹症などの胃腸の病気
・感染症による発熱で全身症状が
　悪化している
・乳房炎　など

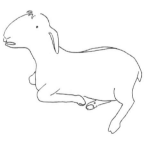

このヤギは初診時、後肢でなく左前肢に力が入らず起立不能で、触診にて、ケガや骨折などはありませんでした。その他の所見は、体温39.5℃、呼吸器の異常、便の異常、脱水、腹囲膨満などは見られず、聴診や腹部聴打診でも異常はありませんでした。また、現在子ヤギに授乳中で、立てない母ヤギの周りをおっぱいが飲めなくて子ヤギが鳴いている状態でした。問診及び診察時の所見から、腰麻痺が一番に疑われ以下の治療を行いました。

・イベルメクチン0.3mg/kg s.c 3日間
　雄ヤギと同居で分娩後2ヶ月経過しており、妊娠の可能性が否定できなかった為、抗炎症剤は使用しませんでした。
・フルスルチアミン 100mg s.c
・飼育者に指示した看護とリハビリ
　このヤギを他のヤギから隔離をして、子ヤギには人工哺乳をする。
　自力で立てず動けないので、食餌や飲水がし易いように顔の前に餌と水を置く。
体の下に乾草などを敷いて、褥瘡を防ぐ。ロープでの縛り方を工夫するか、補助器具を作成するなどをして、1日3回ヤギを立たせること。

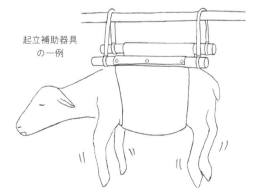

起立補助器具
の一例

腰麻痺の看護では、座りっぱなしによる褥瘡（床ずれ）や鼓脹症を防止すること、栄養状態が悪くならないようにすることが大切です。腰麻痺という名前から腰や後肢が麻痺してしまうイメージを受けますが、この症例のように前肢の麻痺で立てなくなることもあります。この症例は、飼育者の工夫でリハビリも順調に進み3日間で、少しずつ立っている状態を保つことはできる様になりましたが、左前肢が曲がり、自力で立ち上がることができませんでした。そこで、左前肢にテーピングを行いまっすぐになるように補強をしました。その後、1週間後には左前肢も伸ばすことができ、自力で立ち上がることができ終診としました。

(7) 症例2　子ヤギで斜頸という症状がでた場合

「子ヤギがうずくまっている」という主訴で診療依頼を受けました。ヤギ舎に伺うと、40日齢の子ヤギがうずくまっていました。初診時、子ヤギを支えて立たせてみると、ふらふらとはしていましたが、立って歩くことはできました。しかし、顔を斜めに傾けている（斜頸）症状が見られました。その他の所見は熱39.3℃、呼吸器の異常、便の異常、脱水、腹囲膨満などは見られず、聴診や腹部聴打診でも異常は見られませんでした。また、草を手であげるとよく食べ、食欲はあるのがわかりましたが、母ヤギのところに連れて行っても自力でおっぱいは吸えないことがわかりました。

　子ヤギで「立てない」という症状があらわれる病気は腰麻痺の他に低血糖、骨折や捻挫など、胃腸の病気、発熱による

倦怠感などがあります。

　腰麻痺は、神経が損傷された部分に症状が出るので、今回のように斜頸という形で症状として現れることがあります。問診及び診察時の所見から、腰麻痺が一番に疑われ以下の治療を行いました。

・イベルメクチン0.3mg/kg s.c　3日間
・25％ブドウ糖注射液　2ml/kg i.v

　食欲はあるというもののいつもより量が少ないので食欲刺激の為、また、子ヤギは体調不良の時に低血糖を起こし易く、低血糖がさらに病状を悪化させる為、ブドウ糖の投与を行いました。

・抗生物質の投与
・抗炎症剤の投与
・飼育者に指示した看護とリハビリ
・人口哺乳をする。
・1日3回子ヤギを立たせ、歩かせる。

　その後、1週間で回復し自分で立ち哺乳もできるようになり終診としました。

（8）症例3　腰麻痺　〜治療をしない選択〜

　「雄ヤギが昨日から立てない」との主訴で診療依頼を受けました。ヤギ舎に伺うと100kg以上はある大きな雄ヤギが座り込んでいました。飼育者にお話を伺うと、4〜5日前から、いつも決まった場所に排尿するのにその場所に行かなくなり、観察していると歩き方がおかしくて動くのが辛そうに見え、

そして、今日から後肢が立たなくなってしまったということ
でした。また、食欲、元気はあって排尿・排便は問題ないと
いうことでした。初診時、前肢には問題なく上半身を持ち上
げており、後肢に力が入らず立てない状態で、蹄から腰まで
観察するものの外傷（ケガ）や骨折、股裂けなどはありませ
んでした。その他の所見は熱39.8℃、呼吸器の異常、便の異
常、脱水、腹囲膨満などは見られず、聴診や腹部聴打診でも
異常は見られませんでした。以上のことから、「腰麻痺」が
強く疑われました。通常ですと、飼育者に診断と治療方針の
お話からはじめます。しかし、今回は、はじめから2つの選
択肢を提案しました。それは、「治療する」もしくは「治療
しない」という選択です。それでは、今までの症例と今回は
何が違うのでしょうか？

　宮古島ではヤギ肉を食べる文化があります。この飼育者は
畜産農家としてヤギを飼養しています。ヤギ農家として、地
域の食文化を支えているのです。この雄ヤギは、交配して子
ヤギ増やすという役割がありました。その子ヤギたちが大き
く育って出荷され、肉になっていくのです。つまり今回は、
産業動物としてのヤギを診療しています。今回の症例は、治
療をして回復する可能性も、後遺症が残る可能性もそして、
死んでしまう可能性もあります。このような時どのようなこ
とを提案、そして、選択をすれば良いのでしょう。

　この症例で、飼育者とお話ししたことは、予後の可能性に
ついてです。

①治療で完全に回復

②治療し、回復したけど麻痺が残る

　→麻痺が残れば繁殖用の雄ヤギとして役目が果たせないので、肉として出荷されることになる。ただし、この症例で使用したい薬は注射すると2ヶ月出荷できない。この2ヶ月間、餌代など飼養する費用が増え、牧場全体の損失になる。このような積み重ねから経営不振になり牧場自体立ちゆかなくなることはよくあること。また、この2ヶ月の間に麻痺の為、筋肉が衰え、肉としての価値が下がる。最悪の場合、腰麻痺の合併症から死んでしまうこともある。

③治療したが死亡

　→治療代の損失、肉にできなかった損失だけが残る。

④治療しない場合

　→今すぐ出荷すれば、しっかり肉がとれるので肉代がこのヤギを購入した代金よりも高くなり、利益が得られる。またこのお金で新しい雄ヤギを牧場に連れてくることができる。

お話しの後、飼育者は今回「治療しない」という選択をされました。このヤギは出荷され、ヤギ肉として町の商店に並ぶことになります。動物との関係は人それぞれです。治療の選択もそれぞれのベストがあります。産業動物としてのヤギを診療する時は、飼育者の状況、想いを伺い、獣医学的なことを総合してお話しをして、選択肢の中から飼育者自身が「決めること」を目指します。

参考文献

1）中西良孝（2005）：めん羊・山羊技術ハンドブック（田中智夫・中西良孝　監修），p201-203，公益社団法人　畜産技術協会.

2）独立行政法人　家畜改良センター茨城牧場長野支場（2013）：家畜改良センター　技術マニュアル6　山羊の飼養管理マニュアル，p27-28，独立行政法人　家畜改良センター　企画調整部企画調整課.

3）John Matthews（2016）：DISEASES OF THE GOAT FOURTH EDITION，p179-180,388，WILEY Blackwell.

4）公益社団法人　畜産技術協会：畜産技術の紹介　羊　疾病の予防と手当（腰麻痺），インターネットホームページより　2022年2月1日参照.

http://jlta.lin.gr.jp/sheepandgoat/sheep/leaf/h10_11.html

5）Mary C. Smith, DVM・David M. Sherman, DVM, MS（2009）：Goat Medicine Second Edition, p 809,WILEY-BLACKWELL.

2.ルーメンアシドーシス・鼓脹症 [1・2・3]

（1）ルーメンアシドーシスとは

　ヤギの第一胃内は食物の分解をする微生物が快適に過ごせるよう、一定の温度、一定のPH、一定の栄養（微生物にとっての栄養）があることが望ましいのです。しかし、配合飼料（発酵が速い食物）を一度にたくさん食べると、第一胃内のPHが急に下がります。この状態をルーメンアシドーシスといいます。またこの時に、第一胃内での異常発酵で発生したガス

が貯留して、鼓脹症を併発することがあります。

（2）原因
・配合飼料を一度に大量に与える
・イモやカボチャなど炭水化物の多い野菜を一度に大量に
　与える
・ヒトの食べ物（おにぎり・パン・おかし）などを与える

（3）症状
　ルーメンアシドーシスの一般的な症状は、第一胃内の流動
化、下痢、急速なガス産生による鼓脹症などがあります。重
症の場合は鼓脹症による呼吸困難、起立不能、死んだ菌毒素
によるショック症状などが現れる場合があります。

（4）飼育者ができること
・配合飼料は適切な量を与える。
・ヤギが脱走して盗食されないように、配合飼料の保管を
　する。
・炭水化物の多い野菜（イモ・カボチャなど）は適切な量
　を給与する。
・人間の食べ物は与えない。（おにぎり、おかしなど）
・引き運動（散歩）をして歩かせる。
・お腹がパンパンで硬く、唸って立てない場合（鼓脹症）は、
　水道ホースを飲み込ませてガスを抜く。
　　　（※ガスを抜くときは体を立てる）

整胃腸剤（商品名ボビノン）を投与する。（農協の資
材店などで購入可能）

ガスが抜けない場合は、獣医師へ連絡する。

・大量に配合飼料などを食べた後に下痢をしている場合は、
整胃腸剤（商品名　ボビノン）を投与する。

立てない、唸っているなど、重症の場合は点滴が必要な
為、獣医師に連絡する。

(5) 獣医師の治療

・整胃腸剤（商品名　ボビノン）の投与
ヤギ体重30〜100ｋｇで4.5〜9ｇ

・輸液療法

・抗生物質の投与
アンピシリン　5〜10ｍｇ/kg i.m [4]

・ホースでガスを抜く
第一胃のガスが重度の場合はホースで早急にガスを抜き
ます。胃内の発酵微生物が死滅し大量の毒素が体内に増
えるので、輸液療法で脱水の改善と未消化物及び毒素を
早期に排泄させます。

（6）症例1　飼料給与失宜によるルーメンアシドーシス及び急性鼓脹症

「食パンの耳と天ぷらを給与した後から、お腹が膨らんで、苦しんでいる」との主訴で診療依頼を受けました。推定体重40kg、初診時、腹囲が膨満し、心悸亢進、呼吸浅速、呻吟、下痢（軟便）が認められ、肺音異常なし、聴打診において金属音（-）、腹部触診において拍水音が聴取され眼窩陥凹、脱水症状が認められました。治療は径13.5mmの水道ホースにて第一胃内のガスを除去し腹部のマッサージを行いました。処置後、腹部圧迫が解除され呼吸は正常化しました。その後、生理食塩水1Lを静脈内輸液し、整胃腸剤（ボビノン）20g経口投与、アンピシリンを筋肉内投与しました。第一胃内発酵を促進しないよう絶食・絶水を飼育者に指示しました。翌日電話にて元気改善したことを聴取し終診としました。

（7）症例2　牛の残渣過給によるルーメンアシドーシス

「朝、牛の残渣を給与した後から、腹囲が膨満し、苦しそうにしていた。飼育者判断により応急処置として食用油と泡盛を飲ませたが、その処置の半日後、立てなくてぐったりしている」との主訴で診療依頼を受けました。このヤギの飼育者はウシ農家でヤギの体格の見積もりを間違い、ウシと同じ感覚で配合飼料を過剰給与してしまったということでした。初診時、横臥呻吟し左けん部触診により第一胃内容物流動化を認めました。強制的に起立させるも歩様蹌踉であり排便は停止、心悸亢進が認められましたが、肺音異常はありません

でした。

　径13.5mmの水道ホースを挿入し、腹部マッサージにて強い腐敗臭のある第一胃内容物を確認し、可能な限り排出させました。症例１と同様に生理食塩水１Lを静脈内輸液し、整胃腸剤（ボビノン）経口投与、アンピシリンの筋肉内投与を行いました。翌日電話にて元気改善したということを確認し、終診としました。

（8）症例3　配合飼料盗食によるルーメンアシドーシス及び盲腸拡張症

　「前夜に小屋を脱走して配合飼料を2kg盗食し、朝から食欲・元気がなく下痢をしている」との主訴で診療依頼を受けました。初診時、反芻停止、体温39.5℃、水様便、第一胃内容物流動化、胃動停止、右腹囲膨満が認められ、聴打診において右側けん部より金属音及び拍水音が聴取されました。聴打診にて金属音の位置が後腹部であることと腹部疼痛症状が少ないことから第四胃右方変位を除外し、ルーメンアシドーシスに続発した盲腸拡張症と診断し、治療を行いました。歩行異常はなく、活力、筋力ともに正常な為、内科治療を選択し、生理食塩水１Lを静脈内輸液、整胃腸剤（ボビノン）を経口投与、アンピシリンを筋肉内投与しました。治療後約半日で食欲の改善が見られ、２日で便性状が水様から固形様に改善され終診としました。

参考文献

1）小岩政照・田島誉士　監修（2017）：DAIRYMAN　臨時増刊号
　　テレビ・ドクター4よく分かる乳牛の病気100選，　p 82-83，デー
　　リィマン社.

2）中西良孝（2005）：めん羊・山羊技術ハンドブック（田中智夫・
　　中西良孝　監修），p193，公益社団法人　畜産技術協会.

3）独立行政法人　家畜改良センター茨城牧場長野支場（2013）：
　　家畜改良センター　技術マニュアル6　山羊の飼養管理マニュ
　　アル，　p 28-29，独立行政法人　家畜改良センター　企画調整
　　部企画調整課.

4）Mary C. Smith, DVM・David M. Sherman, DVM, MS（2009）：
　　Goat Medicine Second Edition,　p 809，　WILEY-BLACKWELL.

3.下痢

　ヤギの便はコロコロの粒状の便が正常なので、形がなくなった時点ですでに水分喪失が起こっています。いわゆる飼育者が下痢と認識した時点でほとんどが重度の下痢である場合が多いです。

正常な便
黒豆のようにコロコロ

下痢①　犬のような便
コロコロが全部くっついている犬のような便は軽度の下痢です。

下痢②　液状の便
液状や血の混ざった便は重度の下痢です。

下痢ではありませんが、摂食量の低下時は、コロコロが小さくなります。

（1）原因

　代表的な下痢の原因には大きく3つに分けると以下のものがあります。

　①飼育者による不適切な給餌によって引き起こされる下痢

　　飼育者がヤギの消化や食性について理解していないこと

や不適切な給餌によって下痢を引き起こすことがあります。

- ・犬や猫と同じように考え、配合飼料だけで大丈夫と考え草を給与していない
- ・離乳前の子ヤギに草を大量に食べさせる
- ・イモやカボチャの多給
- ・ヒトの食物を与える
- ・配合飼料の多給
- ・飼料の保管が上手くできずカビが生える
- ・毒性のある植物の混入

  など

②不適切な飼育環境により引き起こされる下痢

- ・汚れたヤギ舎によるストレス
- ・密飼いによるストレス
- ・その他環境によるストレス（高温・騒音・雨風が入る・日影がないなど）

③病原体の感染により引き起こされる下痢

- ・細菌感染
- ・ウイルス感染
- ・寄生虫感染

下痢の年齢別原因

John Matthews（2016）：

DISEASES OF THE GOAT FOURTH EDITION

P207「causes of diarrhoea」より引用

4週齢以下	4〜12週齢	成ヤギ
1. 食餌・栄養の管理ミス	1. 栄養の管理ミス	1. 胃腸内寄生虫
2. 細菌	2. 胃腸内寄生虫	Teladorsagia
Enterotoxigenic E.coli	Teladorsagia	Trichostrongylus
Salmonella	Trichostrongylus	Rumen　fluke
Clostridium　perfringens typesB and C	3. 原虫	2. 栄養
Campylobacter	Coccidia	不適切な給餌
3. ウイルス	Giardia	食べすぎ
Rotavirus	4. 細菌	3. ストレス
Coronavirus	Clostridium　perfringens typeD	4. 原虫
Adenovirus	Salmonella	コクシジウム
4. 原虫	Yersinia	5. 細菌
Cryptosporidium		Clostridium perfringens typeD
Giardia		6. 毒物
5. 胃腸内寄生虫		有毒植物
Strongyloides papillosa		カビ
		有毒なミネラル
		薬
		7. 肝疾患・腎疾患
		8. 銅欠乏

（2）症状

・食欲元気がない

・おしりが汚れている

・犬のような便

・水様状・泥状の便

・血の混じった便・タール便

（3）獣医師の治療

・輸液療法
・経口補液
・駆虫剤の投与
・トルトラズリル　20mg/kg p.o [1)]
・サルファ剤（抗コクシジウム剤）
・イベルメクチン　0.2mg/kg s.c [2)]
　その他寄生虫に応じて駆虫薬を選択・投与
・抗生物質の投与
　アンピシリン　5〜10mg/kg i.m [3)]
など
・食餌指導・飼育環境改善の指導
　下痢の原因は様々ですが、症状は似通っています。治療
　は大きく分けて水分及び電解質の補給と原因の除去があ
　ります。症状から原因と水分喪失量を推定し脱水を改善
　します。また飼育環境や飼育方法などもチェックし、飼
　育者へ指導します。

（4）飼育者にできること

・ヤギの消化の仕組みや餌について理解し、給餌を改善する。
・温度、湿度など、飼育環境を整える。
・獣医師と相談の上、必要に応じて駆虫を実施する。
・経口補液を行う。

・整腸剤・健胃剤の投与を行う。

　ヤギは草食動物であり、消化の仕組みが人間や犬とは大きく違います。動物の特性をよく理解して飼育環境を整えることが大切です。

（5）症例　子ヤギの下痢（食餌の誤り・コクシジウム症）

　「生後1か月の子ヤギが下痢をしていて元気がない」との主訴で診療依頼を受けました。1カ月齢、雌の子ヤギで1週間前に母ヤギが突然死、その後、下痢をしているというお話でした。また母ヤギが死亡後、草を食べていたので人工哺乳はしていなかったということでした。初診時、歩様蹌踉、削痩しているが腹囲膨満、眼窩陥凹し脱水症状、下痢（タール便）が認められました。発熱はなく聴診では異常が見られませんでした。糞便検査ではコクシジウムが検出されました。脱水、衰弱が著しかったので入院にて輸液療法、スルファモノメトキシン30mg/kg s.c、エンロフロキサシン5mg/kg s.cの投与を行いました。さらにこの子ヤギの場合、下痢の原因として食餌の問題もありました。離乳前なのに、約1週間、乳を飲めていない状態でした。草だけでは栄養が足りず、また消化も上手にできていないことが考えられました。そこで、点滴の後少しお休みをはさんで人工哺乳を行いました。今まで、母ヤギのおっぱいしか飲んでいなかった為に、哺乳瓶で飲む練習が必要でした。人工哺乳とコクシジウムの治療を合わせて行い、便の性状が改善した為、終診としました。

＊コクシジウム症とは・・・コクシジウムという原虫が腸管に寄生して下痢を引き起こす病気です。コクシジウムが増える時に腸の粘膜上皮細胞に傷害を与えるので、下痢や血便などの症状を引き起こします。成ヤギでは感染しても症状が出ることは少ないですが、子ヤギが感染すると下痢と脱水が起こり亡くなってしまうこともあります。[4]治療は、抗コクシジウム剤を注射や飲み薬で投与します。コクシジウム症の症状は、感染の量に比例するといわれていますので、コクシジウムが口に入る量が多いほど、症状がより悪化します。その為、飼育者にヤギ舎を清潔に保つように指導します。コクシジウムは環境や薬剤に対して抵抗性が強い為、完全に除去することは難しいですが、ヤギ舎の掃除によって、コクシジウムの数を減らすことはできます。

参考文献

1）John Matthews（2016）：DISEASES OF THE GOAT FOURTH EDITION，　p 390，　WILEY Blackwell.

2）中西良孝　編集（2014）：シリーズ＜家畜の科学＞3　ヤギの科学，p 178，　朝倉書店.

3）Mary C. Smith, DVM・David M. Sherman, DVM, MS（2009）：Goat Medicine Second Edition，　p 809，　WILEY-BLACKWELL.

4）中西良孝（2005）：めん羊・山羊技術ハンドブック（田中智夫・中西良孝　監修），　p 196, 公益社団法人　畜産技術協会.

4.膿瘍（乾酪性リンパ節炎）[1]

(1) 乾酪性リンパ節炎とは

コリネバクテリウム属菌の感染によって膿瘍が形成され、膿瘍から細菌が血流やリンパ系を介して体内リンパ節や内部臓器に転移すると、乾酪性リンパ節炎を引き起こします。この病気で亡くなることは稀ですが、肺に膿瘍ができると呼吸困難に陥ることや、衰弱するなど危険な場合があります。命の危険がない場合でも、体重減少や肺炎、肝炎、繁殖成績の低下などの症状を呈することがあるので注意が必要です。

他のヤギに感染する可能性もあることから、治療時に切開して膿を排出する時には膿が飛び散らないようにします。使った器具はきちんと洗浄をしましょう。農場を消毒する場合には消石灰が有効です。[2]

(2) 原因

子ヤギの場合は、臍帯（おへそ）や去勢、除角、耳標装着時の傷からの感染が原因になります。

(3) 症状

体表リンパ節に膿瘍が形成される。
排膿するとチーズ様の膿が見られる。

(4) 獣医師の治療

・洗浄・PVP ヨード液で消毒

すでに自壊し排膿している時は、排膿部位から膿を出し洗浄する。

　自壊していない場合は、麻酔をかけて切開をし、排膿・洗浄・消毒を行う。

・抗生物質の投与

ツラスロマイシン　2.5mg/kg s.c [3]

　抗菌剤の治療は、膿瘍の厚い皮膜のせいで抗菌剤が浸透できず、著効が見られないと言われています。[3] その為、治療の中心は洗浄・消毒になります。

（5）飼育者ができること

　感染予防の為に、子ヤギの臍帯の消毒、耳標装着や去勢時は、傷口の消毒を適切に行う。

（6）症例1　自壊していた場合

　「ヤギの頬が腫れている」との主訴で診療依頼を受けました。初診時、直径2cm位の腫瘤が見られ、自壊し排膿が見られました。全身状態良好、食欲あり、発熱はありませんでした。生理食塩水にて洗浄後、PVPヨード液で消毒、抗生物質の投与、1週間後の再診時、改善が見られ終診としました。

（7）症例2　自壊していない場合

　「右側の耳の下が腫れている」との主訴で診療依頼を受けました。初診時、右側の耳の下にピンポン玉よりやや大きめの腫瘤がありました。食欲、元気もあり全身状態は良好でし

た。耳下リンパ節に感染がおこった乾酪性リンパ節炎を疑い治療を行いました。治療が安全にできるようにキシラジン0.2mg/kg　i.vで鎮静をかけ、腫瘤をPVPヨード液で消毒後、切開、排膿・洗浄・消毒を行い抗生物質の投与で経過観察をしました。10日後の再診ではきれいに治っていました。経験上、ヤギの膿瘍は、固いカッテージチーズ様のものが多く、なかなか自然には排出されずこぶのようになってしまう場合が多いです。

参考文献

1）中西良孝（2005）：めん羊・山羊技術ハンドブック（田中智夫・中西良孝　監修），p 200-201，公益社団法人　畜産技術協会.

2）竹原一明（2019）：畜産分野の消毒ハンドブック，p 32，公益社団法人　中央畜産会.

3）John Matthews（2016）：DISEASES OF THE GOAT FOURTH EDITION，p134，WILEY Blackwell.

5.膣脱

（1）膣脱とは

　膣の一部、または全部が反転して外陰部から出ている状態を膣脱といいます。出てしまった膣はヤギが起立時に元に戻ればよいのですが、膣が戻らず外陰部に出ている状態のままになると、膣が汚れてしまい細菌感染を起こす為、問題になります。さらに脱出した膣が尿道を圧迫して排尿ができなくなると、危険な状態になります。自然に戻らない膣脱を放置

すると、むくみにより中に戻すことが難しくなるので、早期
の治療が必要です。

（2）原因
　膣脱は産前にも産後にも起こります。産前は、妊娠してい
る子宮が大きくなり、圧迫されることが原因です。産後は、
難産により強いいきみなどで力が加わった場合に起こります。
また、素因として、過肥、運動不足、加齢による筋力の衰え
があります。

（3）症状
・外陰部から肉の塊が出ている
・排尿がみられない
・分娩がはじまったように思った
　が産まれない
・苦しくうめいている

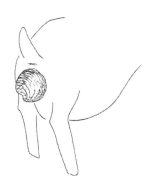

（4）獣医師の治療
①ヤギを起立させて保定する。
②外陰部から出ているものを確認して診断を行う。
　産前の場合は、膣脱しているだけなのか、分娩がはじまっ
　ているのか確認します。分娩が始まっているかいないか
　は、外子宮口の開き具合で判断します。膣脱では、初め
　から膣が出てしまっている為、分娩がいつ始まったのか
　分かりにくい場合があります。この場合は外子宮口の開

き具合を確認することで、ある程度推測できます。外子宮口は、普段は細く固く閉じていますが、分娩が始まると徐々に開いてきます。指が何本か入るくらいまで開いていたら、分娩がはじまっているサインです。

産後の場合は、膣脱、子宮脱、胎盤停滞の鑑別を行います。

③出ている膣をぬるま湯と消毒剤で洗浄して汚れをきれいにする。

④手袋をつけた手でゆっくりと膣を奥まで押し戻し、納める。

⑤再脱出の防止処置をする。

軽度の場合はそのまま様子を見る場合もありますが、繰り返し脱出する場合や重度の場合は処置が必要になります。リテイナーを入れるか陰門縫合を行い、分娩まで膣が再脱出しないようにします。

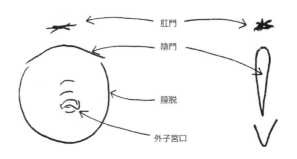

肛門
陰門
膣脱
外子宮口

陰門から膣が出ています。
外子宮口の開き具合を確
認します。

膣が内部に収まった状態。

陰門縫合の方法（ビューナー法）

・器具

ビューナー針（小さいヤギの場合は18G針で代用可能）

モノフィラメント糸

・方法

①18Gの針を陰部の横の皮膚にくぐらせ、糸を通して抜きます。

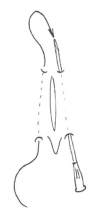

②反対側に針をくぐらせ、糸を通して抜きます。

③糸の両端を膣がでない程度に縮めて縛ります。きつく締め過ぎて排尿を阻害しないよう注意してください。

・縫合後、感染予防の為、抗生物質を投与します。

・産前の膣脱を陰門縫合した場合は、分娩の開始を見逃してはなりません。陣痛の兆候が見られた時点ですぐに抜糸しなければ陰部の裂傷となるからです。

（5）飼育者にできること

　膣脱は、太りすぎ、運動不足、高齢などで赤ちゃんの通り道の筋肉が衰えてしまうことが要因になるので、妊娠中も運

動ができる環境を作ってあげると予防になります。[1] また、分娩介助の時には、無理やり強い力で引くなどの無理な助産をしないようにします。飼育者は膣脱を発見した場合、自然に戻らない場合は手を使って押し戻します。どうしても戻せない時や粘膜の裂傷などが認められる時は獣医師に連絡しましょう。ヤギを起立させ、保定しぬるま湯を用意して待ちます。

（6）症例　産前の膣脱

「分娩が始まっているみたいだけど、赤ちゃんではなくて子宮が出てきているみたいに見える。ずっと、いきんで苦しそうだから診てほしい」との主訴で診療依頼を受けました。初診時、陰部から出ていたものを確認すると、子宮ではなく膣でした。そして外子宮口が開いていないので分娩はまだ始まっていないことがわかりました。陰部から出ていたのは赤ちゃんでも子宮でもなく膣でしたので、「膣脱」と診断し、治療を行いました。治療は陰部を縫合する方法で行いました。はじめにぬるま湯で膣を洗浄し、ローションをつけて陰部の中に膣を整復しました。整復後、大量の排尿がありました。出ていた膣が尿道を圧迫して、排尿困難になっていた為です。その後、陰部周辺に局所麻酔を行い、陰門を縫い縮めました。このまま分娩の始まる日を待って、飼育者に分娩が始まったら糸を切る必要があることを伝えました。最後に感染予防の為、抗生物質を投与しました。診療を終えた時には、食欲も回復して草をもりもり食べていました。その後、再度膣が出ることもなく無事に分娩を迎え、元気な赤ちゃんが生

まれました。

参考文献

1) 中西良孝 (2005)：めん羊・山羊技術ハンドブック (田中智夫・
中西良孝　監修)，ｐ209，公益社団法人　畜産技術協会．

6.子宮脱

(1) 子宮脱とは

　分娩後、胎盤（後産）が出てきます。これはお母さんがお
腹の中で栄養を赤ちゃんにあげる為に必要だったものです。
胎盤だけでなく、赤ちゃんが入っていた子宮がひっくり返っ
て出てきてしまった状態を「子宮脱」といいます。

(2) 症状

・分娩後、陰部から子宮が反転し出て
　いる。

(3) 飼育者にできること

①すぐに獣医師に連絡する。

　子宮脱は緊急を要する病気です。

　早ければ早いほど整復できる可能性が高くなります。

②ぬるま湯で出ている子宮の汚れを洗い流す。

③お砂糖をたくさんかける。　　重要!!

　お砂糖をかけてしばらくおくと浸透圧でむくみが軽減さ
　れ、子宮が整復し易くなります。

④ビニールをかぶせて汚染と乾燥を防ぐ。

⑤可能な限り汚染と擦過傷を防ぐよう工夫する。

②～⑤の用意や処置を行い、獣医師を待ってください。

(4) 獣医師の治療

・出ている子宮を消毒液で洗浄後お腹の中に戻す。

※必ず「立位」または「子宮脱整復姿勢」を取らせてください。その他の体位では子宮を還納することができません。

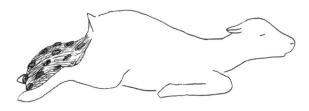

子宮脱整復姿勢
起立不能の場合、必ず両後肢を後ろに引いた姿勢を取らせて整復します。骨盤腔を斜めに、子宮の重みが腹腔内に向かうような姿勢です。

　なるべく助手を用意して、大きな子宮の重みを支えてもらいます。子宮の重みを利用して、一部でも戻せる場所を探しながら押し込んでいきます。子宮壁を破損しないよう、掌で押し込みます。なるべく押し戻されないよう地道に少しずつ押し込んでいくと、どこか一部分は必ず入ります。そしていつかはすべて入る時が来ますので、「必ず戻せる」と信じて頑張ってください。

・陰門を縫合する。

抜糸は目安として1週間後に、様子を見ながら行う。手技は前述「膣脱の陰門縫合」と同様です。

・抗生物質の投与を行う。

（5）症例

「出産後いつもと違う肉の塊みたいなものがぶら下がっている」との主訴で診療依頼を受けました。初診時、陰部から子宮が反転し出ていて苦しそうにうめき座り込んでいました。すぐにヤギを立たせ、ぬるま湯で子宮の洗浄を行った後、ゆっくり少しずつ子宮を戻しました。幸い、飼育者の方の発見が早く子宮が出てから時間が経っていなかったので、無事に整復することができました。陰門を縫合し、1週間後抜糸となりました。

子宮脱は、整復できるのかな？と思うほど大きく子宮が出てきてしまっている時がありますが、落ち着いてゆっくりじわじわと子宮を整復しましょう。

7.胎盤停滞
（1）胎盤停滞とは

胎盤とは、母ヤギのお腹の中で、赤ちゃんヤギとつながって栄養を与えているものです。胎盤は通常、分娩後1～6時間で排出されますが[1]、これが排出されず12時間以上残ってしまうものを胎盤停滞といいます。胎盤停滞を起こすと子宮に炎症を起こし、食欲不振や発熱がみられることがあります。

また、垂れ下がっている胎盤は細菌感染のもとになり、母ヤギの乳房炎や子ヤギの下痢の原因になることがあります。ウシよりヤギの胎盤停滞は少ないといわれています。[2] また、ヤギは自分で胎盤を食べたり、他のヤギが食べたりしてしまうことがあります。[2]

（2）原因

トキソプラズマやクラミジアなどの感染性流産及び早産や、セレン・ビタミンE欠乏により発生します。[3] その他、ウシでは妊娠末期の栄養低下により子宮筋の機能不全、低カルシウム血症、オキシトシンの不足、免疫低下が起こることが胎盤停滞の原因であると示唆されています。[4]

（3）症状

・産後陰部から胎盤が垂れ下がっている

・食欲がない

・いきみが続いている

　産後に「陰部から何か出ている」と飼育者の方から連絡があった場合、「胎盤停滞」の他にも「子宮脱」や「膣脱」の可能性があり、現場で実際に見て診断が必要です。

（4）獣医師の治療

①基本的に無処置

胎盤停滞のみではあまり問題にならず、むしろ周産期疾患の一症状として胎盤停滞が見られると言えるかもしれません。熱や食欲不振などの症状がなければ、基本的に無処置で自然に排出されるのを待ちます。強く引っ張って無理やり出してはいけません。引っ張って胎盤が千切れ、子宮内に残ると子宮の回復が遅れることや、産褥熱や子宮炎、乳房炎の元になることがあります。

垂れ下がっている胎盤が乳房を汚してしまう時は、赤ちゃんヤギの細菌感染の元にもなるので出ている部分にカバーをつけます。

②併発疾患の治療

熱が出ているとき（産褥熱）や子宮感染、乳熱、乳房炎、貧血などの併発疾患が認められれば、それに応じた治療を行います。抗生物質の投与、輸液療法やブドウ糖・ビタミン剤・カルシウム剤の注射などが考えられます。

（5）飼育者にできること

・垂れ下がっている胎盤にビニールのカバーをつける。

　乳房の汚染により乳房炎を誘発することがあるので、なるべく清潔に保つ工夫をします。

・熱を測りながら食欲・元気などを観察し、症状がでたら早めに獣医師に連絡する。

・母ヤギの元気がない時は初乳を赤ちゃんヤギに人工哺乳する。

・母ヤギの分娩前の栄養管理を行う。

（6）症例

「出産後の母ヤギの元気がなく、陰部から何かが垂れ下がったままになっている」との主訴で診療依頼を受けました。推定体重50kgの母ヤギは前日の夜に3つ子の赤ちゃんを出産していました。初診時、削痩、脱水が見られ激しく衰弱していました。発熱はしておらず、陰部から垂れていたのは胎盤でした。以上の所見から胎盤停滞と出産後の衰弱に対する治療を行いました。

はじめに出ている胎盤にカバーをつけました。これは、乳房を汚して赤ちゃんヤギの細菌感染の元になるからです。この時点では発熱はなかったものの、今後の子宮炎や産褥熱の予防としてOTC10mg/kgを注射しました。脱水と低栄養に対し生理食塩水500mlと25％ブドウ糖50mlを低カルシウム血症の予防の為にボログルコン酸カルシウム6gを点滴しました。

その後、飼育者のお話によると食欲も戻り、胎盤も自然に落ちたとのことで終診としました。

参考文献

1）中西良孝（2005）：めん羊・山羊技術ハンドブック（田中智夫・中西良孝 監修）， p210， 公益社団法人 畜産技術協会.

2）John Matthews（2016）：DISEASES OF THE GOAT FOURTH EDITION， p58， WILEY Blackwell.

3）Mary C. Smith, DVM・David M. Sherman, DVM, MS（2009）：Goat Medicine Second Edition， p607， WILEY-BLACKWELL.

4）石井三都夫(2012)：家畜診療， 59巻9号 p518， 全国農業共済協会.

8.子ヤギの低体温・低血糖

（1）子ヤギの低体温・低血糖とは

　低体温とは体温が正常よりも低くなる状態をいいます。また、低体温の時には、エネルギー不足で低血糖を併発している場合が多くあります。[1]

（2）原因

　寒さが原因になる場合と、ミルクが十分でなく飢餓状態によるエネルギー不足が原因になる場合があります。[2] 生まれた直後の虚弱子ヤギ、生まれた時は元気でも母ヤギのミルクを上手に飲めない子ヤギ、同腹の兄弟より小さくて弱い子ヤギなどが低体温・低血糖を引き起こし易いです。

（3）症状

・ぐったりしている・意識がない

・体温が低い

（4）獣医師の治療

①ブドウ糖の投与

　低体温の時は低血糖を伴っていることが多く、先に体の糖分を補ってあげないと体に残っている糖分を使い切ってしまい昏睡状態に陥る可能性があります。その為、温める前にまずはブドウ糖の投与から行います。[1]

　血糖値の測定は人用の「血糖自己測定器」を使用すると

現場で測定することができます。

血糖値正常値[3]　50～75mg/dℓ

②投与量

20％ブドウ糖液　体重1kgあたり10ml[1]

（25％ブドウ糖液　体重1kgあたり8ml）

③投与方法

投与前にブドウ糖を40℃前後に温めます。[1]

（1）静脈投与

頸静脈から21Gの翼状針を使用して投与する。

（2）腹腔内投与[1]

子ヤギの前肢を持って立たせるもしくは仰向けにする。臍の下2cmから横1cmの位置にお腹の面から45°の角度で尾の方向に針を挿入しブドウ糖を注入します。

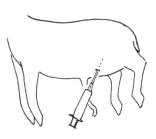

腹腔内注射の注射部位

④加温（体温を測りながら温める）

温める時は体温計で体温を測りながら温めましょう。体温が37.5℃まで上がったら加温を中止します。温め過ぎてはいけません。

・40～42℃のお湯をバケツに用意してお風呂を用意する。

・子ヤギをビニール袋に入れる。

（お湯にそのままつけると体が濡れてしまい後で冷えてしまう為）

・体温が37.5℃まで上がったらお湯から取り出し、風のない暖かい場所に連れて行き哺乳を行う。

・人工哺乳

糖が補給され、体が温まったら哺乳をします。自力で飲める場合は哺乳瓶で初乳や粉ミルクを哺乳します。

吸引する力がなく自力で飲めない場合は、経鼻もしくは経口でカテーテルを挿入して初乳や粉ミルクを投与します。

湯冷めしないようにビニールにくるみ、体を濡らさないようにしましょう。

・症状に合わせて薬の投与・点滴

(5) 飼育者ができること

・ぐったりしている子ヤギを見つけたら体温を測定する。

ヤギの体温はおしりから体温計を入れて測ります。体温計がない時は口の中に指を入れてみてください。冷たく感じれば、体温が37℃以下の可能性が高いです。[2]

・体温が低い場合は獣医師に連絡する。

・お湯の準備をしておく。

・子ヤギを温める前にブドウ糖を含む飲料を体重1kgあたり3ml経口投与する。

・予防として子ヤギが生まれたら風のあたらない暖かい場所で育てる。
・初乳の摂取を確認・観察する。
・兄弟間でおっぱいを飲めていない子ヤギがいないか日頃からよく観察する。

(6) 症例

「3つ子の子ヤギのうち1頭がぐったりしている」との主訴で診療依頼を受けました。お話を伺うと生後3日齢の雄の子ヤギで、兄弟で1番体の小さな子ヤギとのことでした。初診時、虚脱、体温36.4℃でした。すぐに腹腔内にブドウ糖を投与し、その後ビニールに子ヤギをくるみ、バケツにお風呂をつくり体温を計測しながら温めました。体が温まってくると、哺乳瓶にて、自力でミルクを飲むことができました。飼育者には、引き続き人工哺乳でこの子ヤギは飼育していただくこと、母ヤギと子ヤギたちを風のあたらない個室に移動することをお願いしました。冬場の気温がそれほど下がらない沖縄でも、風や雨が強い時や、栄養状態が悪い子ヤギはこの症例のように低体温を引き起こすので注意が必要です。

参考文献

1) 独立行政法人　家畜改良センター茨城牧場長野支場（2011）：家畜改良センター　技術マニュアル10　山羊の繁殖マニュアル，p 60-62　独立行政法人　家畜改良センター　企画調整部企画調整課.

2) 中西良孝 (2005)：めん羊・山羊技術ハンドブック（田中智夫・中西良孝　監修），p 55-56，公益社団法人　畜産技術協会.

3) 独立行政法人　家畜改良センター茨城牧場長野支場 (2013)：家畜改良センター　技術マニュアル6　山羊の飼養管理マニュアル，p 37，独立行政法人　家畜改良センター　企画調整部企画調整課.

9.乳房炎

　ヤギの乳房は2つ（1対）あり、それぞれ乳区が分かれ独立しています。乳房内には、上部に乳を産生する多数の乳腺胞があり、その下に乳をためておく乳腺槽があり、そこから繋がる乳首にも乳をためておく乳頭槽があります。[1・2]

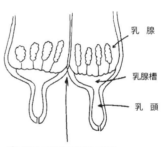

乳腺

乳腺槽

乳頭

乳区は2つに分かれています。

（1）原因

　乳房に細菌などの病原菌が侵入し乳房に炎症を起こします。乳区が独立している為、病原菌の感染はそれぞれの乳頭からの侵入で起こり左右間をまたいでの感染はありません。

（2）症状

　乳房の腫脹、硬結・熱感がみられます。また乳汁が薄くな

る、ブツブツとした塊が出てくる、クリーム状になるなどの変化が見られます。大腸菌の感染による乳房炎の場合、内毒素のエンドトキシンにより全身症状（元気、食欲がなくなる・発熱・起立不能など）があらわれ、急性に経過が進み乳房の壊死が起こり死亡することがあります。[3]

（3）飼育者にできること
・飼育場所を清潔に保つ。
・不衛生な搾乳は再感染を起こすため注意する。
・頻回に搾乳する。
・乳房炎の母ヤギの乳は子ヤギに与えないで人工哺乳をする。

（4）獣医師の治療
・抗生物質の全身及び乳頭内投与
・輸液療法などの対症療法を行う
・乳房洗浄
乳房洗浄の方法
（１）乳を搾る。
（２）生理食塩水に抗生物質、抗炎症剤を加えて、洗浄液を作る。
（３）補液管をつなぎ、留置針の外芯（プラスチックの針）を乳頭から差し込み洗浄液を乳房内に入れる。

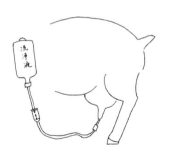

（4）その後、乳房をやさしくマッサージしながら洗浄液
　　　を絞って出す。
（5）洗浄を数回繰り返す。

（5）症例

　「離乳後、片方の乳房が腫れていて元気がない」との主訴
で診療依頼を受けました。お話を伺うと、このヤギは離乳後
1か月ほど経過しているという事でした。初診時、食欲・元
気はあるものの、体温40.1℃で発熱が見られ、左側の乳房内
に拳大のしこりがあり、腫脹している状態でした。乳を搾っ
てみると、透明の液体に時々クリーム状のものが詰まりなが
ら出てきました。治療は乳房洗浄と抗生物質の全身投与を行
い、熱が下がったところで乳房内に抗生物質の投与を数日間
行いました。しこりは残ったものの、乳房の腫脹が減り、全
身状態も良くなったので終診としました。

参考文献

1）中西良孝　編集（2014）：シリーズ＜家畜の科学＞3　ヤギの科学，
　　　p 110，　朝倉書店．

2）Gianaclis Caldwell（2017）：Holistic Goat Care　a comprehensive
　　　guide to raising healthy animals, preventing common ailments, and
　　　troubleshooting problems，　p 304，　Chelsea Green Publishing.

3）小岩政照・田島誉士　監修（2017）：DAIRYMAN　臨時増刊号
　　　テレビ・ドクター4よく分かる乳牛の病気100選，　p140-141,
　　　デーリィマン社．

10.外傷

（1）原因

　ヤギは群れの中で個体間の優劣関係がはっきりした動物です。その為、順位を決める際に、頭突きなどを行い群れの中のヤギ同士のけんかでけがをすることがあります。その他、飼育設備でけがをすることもあります。特にワイヤーフェンスの先端やケージなどで皮膚をひっかけてしまったり、はさまったりする事故などが多く見られます。また、山間部や離島では、繋がれたヤギが野犬や野生動物に襲われることがあります。

（2）症状

外傷や出血、膿の排出などがみられます。

（3）獣医師の治療

・傷の洗浄・消毒をし、傷が広い時や深部に達する場合は、必要に応じて縫合をする。
・深部まで膿瘍がある場合は、洗浄用カテーテルの留置をする。
・抗生物質の投与を行う。
・破傷風常在地域では破傷風トキソイドを接種する。

（4）飼育者にできること

・けがの起こりにくい飼育設備を整える。

・夜間はヤギを小屋にしまう。

・犬が侵入しないように小屋を点検する。

(5) 症例1　犬による咬傷

「昨夜、ヤギが犬に襲われてケガをして餌を食べない」との主訴で診療依頼を受けました。このヤギは夜間に犬に襲われ悲鳴をあげている所を飼育者が発見しました。初診時、食欲・元気がなく、出血は少なかったものの、臀部の皮膚に2か所穴が開いていました。傷口をまずは大量の水でよく洗浄し、消毒しました。傷が大きい場合は縫合しますが、この症例は縫合の必要はありませんでした。洗浄と消毒で取り切れない細菌からの感染を防ぐ為に、抗生物質の投与を行い、内服薬を処方しました。

(6) 症例2　外傷からの自壊した膿瘍

「子ヤギの肢からしばらくの間、膿が出続けている。消毒したけど治らない」との主訴で診療依頼を受けました。

初診時、前肢から排膿がみられ肢全体の腫脹がみられました。皮膚の下の一部だけではないようだったので、麻酔をかけて治療をすることになりました。まずは膿が出ている傷口の周りをきれいに剃毛し、傷口を良く洗浄しました。

ゾンデを入れるとかなり深部まで化膿していることがわかりました。

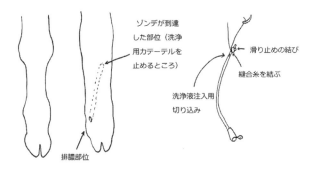

ゾンデが到達した部位（洗浄用カテーテルを止めるところ）

滑り止めの結び

縫合糸を結ぶ

洗浄液注入用切り込み

排膿部位

　ここまで深いと一度の洗浄や、抗生物質の投与だけでは傷がきれいにならないので洗浄用カテーテルを留置することにしました。洗浄用カテーテルは栄養カテーテルを切って作成しました。作成方法は、栄養カテーテルの先端を一度結び、その手前に切り込みを入れます。それを、排膿している穴から挿入し、奥まで入ったところに糸で留置しました。このままでは、すぐに取れてしまうので、傷口の保護も含めて、ビニールで被膜しテーピングを行いました。カテーテルの先端は出しておいて、ここから希釈したPVPヨード液を注入し1週間洗浄を行いました。この洗浄は飼育者にお願いしました。

　1週間後、腫脹は減少し、自壊創はやや改善が見られました。2週間後には排膿もなくなり、腫脹もさらに改善したのでカテーテルを外すことができました。左右差もなく歩行も正常にできていていたので、抗生物質の投与、内服を処方して終診としました。この症例のヤギは比較的早くきれいになりましたが、皮下だけでなく腱や関節にまで膿瘍が及んでしまうと治療が困難になります。肢のケガや関節炎で立てないというのは、ヤギにとって致命的なのです。傷が深い場合や、

肢全体が腫れている場合は、早期の治療が必要になります。

コラム　薬の飲ませ方

・口の脇から歯のないところに指を入れる。

・そのまままっすぐ喉の奥に薬を入れる。

・口を手で押さえて閉じて、ごっくんと飲み込むまで待つ。

　口中で頬に近いところは臼歯がある為、指を頬側に入れると咬まれてケガをします。指を入れる時は必ず喉の中心に向かって入れるようにしてください。

ここは危険!!
がぶっと咬まれるとケガをしますよ。

11.熱中症

(1) 原因

　熱中症は、身体の機能に障害をもたらすほどに体温が上昇し制御できなくなった状態のことです。日陰の

ない野外で長時間日差しを浴び続けることや、ヤギ舎の中が高温、多湿の環境で風通しが悪い時に発生します。また、ヤギは水をあまり飲まないと思われている飼育者の方が多く、水がいつでも飲める状態にないことも熱中症の発生要因にな

ります。環境要因の他に高齢や分娩前、病気の治療中などヤギ側にも熱中症になり易い要因があります。また、ボア種の雄ヤギは顔の構造上、ザーネン種よりも鼻孔が狭く、暑い時期に熱中症のリスクが上がります。（鼻腔の狭い雄ヤギは通常の時でも、食欲低下、運動不耐性、交尾が上手くできないなどの症状がみられます。）

（2）症状

　体温の上昇、呼吸数の増加（開口呼吸や涎を垂らす）、食欲や元気の消失などが見られます。重度になると、起立不能や神経症状が現れ、死亡する場合があります。

（3）飼育者ができること

・熱中症が疑われる場合は、ヤギに水をかけ体温を下げる。その際、体温測定をしながら行い39℃まで下がったら冷却をストップし冷やし過ぎないようにする。
・夏場、放牧する際は、木陰などヤギが日陰で休める場所を用意する。
・新鮮な水をいつでも飲めるようにする。
・ヤギ舎は風通しを良くし、高温多湿を避ける。
（ヤギ舎の構造を見直す、扇風機などを活用する）

（4）獣医師の治療

・静脈点滴を行い、脱水の改善、循環血液量の確保を行う。

（5）症例　鼻腔狭窄による熱中症

「雄ヤギが餌を食べなくて元気がない」という主訴で診療依頼を受けました。推定体重100kgのボア種の雄ヤギで、初診時、起立しており歩様は正常で、時折、鼻からいびきのような音を鳴らしていて、呼吸が苦しそうに見えました。このヤギはボア種でザーネン種より鼻の所がいわゆる鷲鼻（鼻筋が途中から隆起し、鼻筋が湾曲した鼻の形）のようになっていました。また、この日は数日間、夏の暑さが続いており、ヤギ舎の中もとても蒸し暑い状態でした。熱を測ると41.0℃まで上がっており、熱中症の可能性があったので、はじめに首周りを濡れたタオルで冷やしながら扇風機で風をあて体を冷やしました。静脈輸液の為の留置をとろうとすると、ヤギが暴れ、呼吸の状態が悪化した為、皮下補液に切り替えました。その他の所見は、便正常、排尿正常、聴診で心音・肺音異常なし、腹部の聴打診で異常はありませんでした。再度、呼吸の状態をよく観察すると、息を鼻から吸うごとに、鼻孔の上の皮膚が蓋のように鼻をふさいでいることに気がつきました。総合すると鼻腔狭窄の為、呼吸による体温調節機能が働かず、熱中症を発症していたと考えられました。鼻腔拡張の処置が必要と判断しましたが、この時点で熱中症と食欲不振があり、長時間の鎮静をかけるのは危険だった為、短時間の鎮静での応急処置として、まずは呼吸改善を目的として糸で鼻を持ち上げ鼻孔を拡張しました。キシラジン0.4mg/kg i.vで急速に鎮静し、短時間の処置後アチパメゾール0.06mg/kg i.vで覚醒させました。処置が終わり鎮静から覚めると、呼吸

の改善と食欲の改善がみられ、半日後には解熱しました。5日後、飼育者に連絡すると、食欲も以前のように戻り、とても元気ということでした。処置の前に、聞こえていた呼吸をする時のいびきのような音も聞こえなくなったそうです。経過が良好なので、いよいよ仮止の糸を外し、手術に踏み切ることになりました。まず、鎮静下で抜糸と局所麻酔を行い、皮膚を三角に切開しそこを縫い縮め、鼻腔を開口しました。10日後に抜糸を行いました。傷はきれいに閉じて鼻腔も開き呼吸も改善していました。また、飼育者に風通しの良い快適に過ごせる場所を屋外に作っていただき環境の改善も同時に図りました。

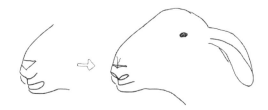

鼻の上の皮膚を三角に切開し、縫い縮めて鼻腔を拡げました。

12.関節炎

（1）原因

　ヤギの関節炎の原因は、細菌やウイルスなどの感染、ケガ、打撲などの外傷です。細菌感染は3か月齢以下の子ヤギに多く見られ、その原因の一つに臍帯からの細菌感染があります。[1] また、栄養障害で関節炎を引き起こすこともあります。[2] ヤギの関節炎は、自力で立てないと、予後不良になることも多い病気です。飼育者にとっては、関節炎で命を落とすとは

予想し難いことも多く、インフォームドコンセントがとても
重要になります。治療の際も、飼育者の看護やリハビリの協
力が不可欠です。

(2) 症状
・跛行・疼痛
・関節の腫れ、熱感
・立てない
・食欲元気がない

(3) 飼育者ができること
・子ヤギの臍帯の消毒をする。
・初乳をしっかりあげる。
・関節炎になってしまった場合の看護を行う。
　（子ヤギの場合は人工哺乳、褥瘡防止の為、体位を変え
　てあげる、立たせるなどのリハビリ）
・環境の整備を行う。
　お風呂マットや敷きわらをひいて、膝をついても痛くな
　いように床材を工夫する

(4) 獣医師の治療
・抗生物質の投与
　プロカインペニシリン　44000iu/kg/day 5days [1]
　タイロシン　20mg/kg/day i.m 5days [3]
　効果が見られない場合は薬剤感受性を調べる。

・抗炎症剤の投与

　メロキシカム　など

・外用薬の抗炎症剤（カンメルブルーなど）

・関節洗浄

・包帯、テープなどを巻き関節を保護する、立ち易くする。

（5）ヤギで関節炎を引き起こす伝染病

①ヤギ関節炎・脳脊髄炎（CAE）

　山羊関節炎・脳炎（CAE）の原因となる病原体はレトロウイルスであるCAEウイルス（CAEV）です。この病気はヤギの届出伝染病です。日本では2002年に発生が報告されました。成ヤギは感染しても発症率は低く無症状である場合が多いですが、発症すると関節炎を引き起こし、起立不能になります。その他、乳房炎や肺炎などの症状がみられる場合があります。子ヤギの感染では症状の進行が速く、脳脊髄炎による神経症状が見られます。予防や治療方法がない病気です。[4]

②伝染性無乳症

　伝染性無乳症の原因となる病原体はマイコプラズマのうち、M. agalactiae, M. mycoides subsp. capri（Mmc）, M. capricolum subsp. capricolum 及び M. putrefaciens の4菌種です。めん羊とヤギの感染症で届出伝染病に指定されています。症状は、泌乳量の低下及び停止などウシの乳房炎のような症状の他、肺炎、関節炎、角結膜炎が見られます。子ヤギでは関節炎、肺炎の症状が主な症状で日本

では沖縄県で10日齢から3か月齢の子ヤギで報告があります。治療は、テトラサイクリン系、マクロライド系などの抗生物質の投与[4]でマクロライド系のタイロシンが有効との報告があります。[5]沖縄県では2006年に実施されたELISAによる抗体検査で陽性率77.3％（ヤギ血清75検体中58検体が陽性）であり、県内全域で 蔓延していることがわかっていますので[6]、この地域でヤギの関節炎の診療をする場合は注意が必要です。

（6）症例

「子ヤギの足が腫れて立てなくなっている」との主訴で診療依頼を受けました。前肢の関節が腫れ、自力で立てない状態でした。食欲・元気もなく、点滴治療、食餌療法を行いながら抗生物質・抗炎症剤の投与を行い、関節にテーピングを行いました。立てないと自力で餌をとるのが難しく、また寝たまま排泄をするので体が尿で濡れ褥瘡ができ易くなります。こまめに体勢を変えることや敷物の交換が必要になります。食欲が戻り、全身状態が良くなったら、自力で立てるように補助をしながらリハビリを行います。一時的に全身状態は改善したものの、残念ながら自力で立つことができるまでには回復せず、1か月ほどで亡くなりました。

子ヤギの関節炎は、自力で立てるまでのリハビリにとても根気が必要になります。

参考文献

1) John Matthews（2016）: DISEASES OF THE GOAT FOURTH EDITION, p 108-109, WILEY Blackwell.

2) 中西良孝（2005）: めん羊・山羊技術ハンドブック（田中智夫・中西良孝　監修）, p 200, 公益社団法人　畜産技術協会.

3) Mary C. Smith, DVM・David M. Sherman, DVM, MS（2009）: Goat Medicine Second Edition, p 812, WILEY-BLACKWELL.

4) 農研機構　動物衛生研究部門　家畜の監視伝染病, インターネットホームページより　2022年2月1日参照.
https://www.naro.affrc.go.jp/org/niah/disease_fact/taisho_index.html

5) 太野垣 陽一・荒木 美穂・砂川 尚哉・平安山 英登（2010）:【短報】乳用子山羊の伝染性無乳症例, 沖縄県家畜衛生試験場　沖縄県北部家畜保健衛生所.

6) 荒木美穂・中尾聡子・片桐慶人・杉山明子（2012）:　県内における山羊の伝染性無乳症, 沖縄県家畜衛生試験場・沖縄県中央家畜保健衛生所・沖縄県北部家畜保健衛生所

13.骨折

（1）原因

　ヤギは元来、高いところを好み、急斜面も登り下りすることができます。その為、放牧時に高いところや柵を乗り越えようとして肢

を挟みケガをします。ケージでの飼育の場合でも、脱走しよ
うとしてケージの隙間に肢を挟んでしまい、その際に骨折す
ることがあります。

（2）症状
・跛行
・骨折した肢の挙上
・骨折部の熱感、腫脹、疼痛

（3）飼育者ができること
・ケージや柵の隙間などヤギが肢を挟まないように整備する。

（4）獣医師の治療
　四肢の単純骨折の場合は骨折した肢をギプスで固定します。
固定が適切であれば、約1か月で骨が癒合し機能が回復しま
す。[1]
　※ギプス固定の方法
①ギプス用包帯（例　オルテックス）を蹄先まで巻きます。
　　これは、ふわふわした綿のようなもので、クッションの
　　役目をします。また、手で簡単に切れるので使いやすく、
　　色がついているものは、ギプスをとる際に目印になります。
②キャスティングテープ（例　スコッチキャスト）を巻い
　　てギプス固定をします。
　　これは水で硬化させる包帯です。素材はガラス繊維にポ
　　リウレタン樹脂を含浸させたもので、水に浸すと固まり

ます。患部に巻いてから硬化させると石膏ギプスのような固定ができます。袋から出すと、どんどん固まってきてしまうので固まる前に速やかに固定を終わらせる必要があります。キャスティングテープはベタベタと接着するので必ず手袋をつけて行います。

(5) 症例1　中手骨の骨折

「放牧場のフェンスに肢を挟んで肢を地面に着けない」との主訴で診療依頼を受けました。初診時、左前肢を挙上、触診にて、左前肢の中手骨の骨折がわかりました。ギプスの持ち合わせがなかったので1日目は副木とテープで仮に固定をし、次の日にギプスで固定を行いました。そして、3週間後にギプスを外しました。ギプスを外して骨折部位を確認すると骨は癒合していました。しかし、立たせてみると、肢をまだ挙上している状態でした。このままリハビリもかねて様子を見ることになりました。その後、飼育者からご連絡があり、徐々に肢も地面について元気にしているというお話でした。さらに1か月後、肢をしっかり地面につき走り回れることを確認し終診としました。

(6) 症例2　子ヤギの上腕骨の骨折

「子ヤギが牧場の柵に前肢を挟んでいて、助けたらその後、前肢をぶらぶらしている」との主訴で診療依頼を受けました。初診時、左前肢挙上、触診にて上腕骨の骨折がわかりました。骨は皮膚から出ておらず、開放性の骨折ではありませんでし

た。今回もそうでしたが、往診での診療でレントゲン検査ができない場合、触診で十分観察した後、骨折の治療にはいります。ギプス固定をして、感染予防の為に抗生物質を最後に投与しました。そして、ケージに入れて、安静状態で1週間様子を見ることになりました。しかし、1週間後、肢を挙上したままでした。確認すると、巻き方が緩く、一番固定したい骨折の部分がしっかり固定されていないことが判明しました。上腕骨の骨折は体幹に近く固定が難しい部分でもありますが、強く巻きすぎて、血流が阻害されて浮腫がおこるのを心配し過ぎてしまいました。一度ギプスを外して、前膝の上をなるべく高い位置までギプスを巻き、再固定しました。2週間後、ギプスを外してみると、骨折部位は癒合し、前からも横からもわかるくらい太くなっていました。ギプスを巻き直してからは、地面に肢が着くようになり、外してからしばらく経つと元気に走り回れるようになりました。

　単純骨折の場合は、骨折部位が動かないように固定することが大切です。もちろん血流を阻害しないように注意することも同時に大切です。子ヤギの場合、成長期でもあり骨も癒合し易く予後が良いようです。ただし、私のように巻きが甘いとくっつくものもくっつきません。とても反省する症例になりました。

参考文献

1) 中西良孝（2005）：めん羊・山羊技術ハンドブック（田中智夫・中西良孝　監修），　p 200，公益社団法人　畜産技術協会．

14.膀胱炎

(1) 原因

　主に細菌感染によって生じる病気で、膀胱に炎症が起きます。さらに腎臓に波及して腎炎や尿結石症などを引き起こすことがあります。膀胱炎は雌で産後にかかり易い病気です。

(2) 症状

・いきんでいる
・お腹を蹴る
・尿が赤い
・何度もしゃがんでおしっこをする体勢をする
・おしっこが出ないという裏告（頻尿により出ないように見える）
・おしっこがぽたぽた少量出る

　膀胱炎は痛みを伴うことが多く、痛みの為、お腹を自分で蹴ったり、背を丸めていきんだりします。他に痛みやいきみが見られる病気、おしっこが出ない（尿閉）、腹痛または頻回排便である（胃腸炎）などと、鑑別する必要があります。

(3) 赤い尿ってどういうこと？

　赤い尿（赤色尿）には大きく分けて赤血球尿と血色素尿があります。他にも赤色尿の種類はありますが、ヤギではまだあまり明らかではありませんので、ウシで報告されているものを紹介します。単純に血（赤血球）が出ている病気は、膀

脱炎、尿石症、腎盂腎炎などがあります。赤血球や筋肉が壊れて出た色素（血色素）が尿に出ている病気は、赤血球を壊す病気（玉ねぎ中毒、ワラビ中毒、水中毒、血球の寄生虫病など）が原因です。

（4）飼育者ができること

・常に新鮮な水を飲めるようにしておく。

　脱水により尿量が減ると、尿路感染のリスクが高まります。

・産後すぐの母ヤギが体調不良になった時は、子ヤギを離して人工哺乳を行う。

　血尿を伴う膀胱炎では、哺乳自体が母ヤギにとって負担になります。乳は血液から作られているからです。経験上、母ヤギが衰弱していても、子ヤギは驚くほど貪欲に乳を吸いにいきます。また、母ヤギが衰弱し立てない場合、子ヤギはおっぱいが飲めませんから、もちろん子ヤギの体調の為にも、人工哺乳を検討する必要があります。

・産前・産後の栄養管理をしっかりと行い母ヤギの栄養状態を良くする。

　産後の栄養不良は様々な疾患の原因になります。泌乳の為、草だけでは要求量を満たせないことが多いので配合飼料を適切に与える必要があります。

（5）獣医師の治療

・抗生物質の投与

・止血剤の投与　（抗プラスミン剤の投与）

- 輸液療法
- 輸血（血尿で貧血がひどい場合）
- ビタミンB群の投与

(6) 症例

「1ヶ月前に双子を出産したヤギの元気がなく寝てばかりいて、おしっこが赤いみたい。何度もしゃがんで苦しそう」との主訴で診療依頼を受けました。

この稟告を聴取した時点で、その赤いものが何なのか鑑別する必要がありました。可能性のあるものとして、産後の悪露（子宮炎など）、外傷、血尿（膀胱炎、腎炎など）、血色素尿（中毒など）があります。

初診時、母ヤギは唸って座り込み、起立不能、聴診で頻脈が聴取され、可視粘膜蒼白で貧血がありました。そこでまずは便のチェックと、膀胱、子宮のエコー検査を行いました。膀胱はやや小さく、星空様のエコーフリー像が確認できました。その他わかったことは、以下の3つです。

- 便は正常（コロコロの粒状）＝胃腸炎の可能性は低い
- 膀胱の大きさはやや小さく、粘性のある液体がある＝尿閉ではない
- 子宮のエコー所見は正常＝赤いものは子宮からの可能性は低い

ここまで診察を続けていたところ、真っ赤な尿が出たので、暫定的に「膀胱炎」または「細菌性腎盂腎炎」と診断して治療を開始しました。一診目、静脈輸液とエンロフロキサシン

5mg/kg s.c、トラネキサム酸10mg/kg i.vの投与を行いました。しかし、翌日になっても症状が改善せず、ふらついて貧血が重度だったので輸血を行いました。ヤギでは概ね1度目の輸血は大丈夫ということになっていますが、念のため輸血前には輸血適合試験（クロスマッチテスト）を行いました。

　三診目では尿色の改善が見られ、元気と食欲が戻ってきました。その後、アモキシシリン5mg/kg bidの内服を続けながら経過を観察しました。順調に回復し終診となりました。

15.難産

（1）難産とは

　分娩がスムーズに進まずに、赤ちゃんヤギが産まれないことを難産といいます。難産の原因には、胎子の胎位の異常や、過大、奇形、多胎などがあります。母ヤギ側の要因としては、陣痛の異常などが考えられます。この中でも、胎位の異常による難産が多く見られ分娩介助が必要となります。[1]落ち着いて、胎位を正常に戻してから引き出せば、元気な赤ちゃんヤギの誕生に辿り着けます。実際の症例をもとに、難産介助の方法を記します。

（2）症例1　頭から出てきてしまった場合　＜頭部先行＞

　「母ヤギがいきんでいるが、鼻先が見えるけど赤ちゃんが出てこない」との主訴で診療依頼を受けました。

　ヤギの正常な分娩では、はじめに2本の前肢が見えその間に鼻先が見えてきます。しかし、この症例の赤ちゃんヤギは

頭から先に出てきてしまいました。
頭から先に出てしまうと、前肢が引っ
かかり生まれてくることができない
のです。

・分娩介助

頭でふさがって前肢を探せない時
は、一旦手で頭を押し戻し、前肢2本を探します。そして、
頭が肢の間に入るように位置を修正してから前肢をつかんで、
母ヤギの陣痛に合わせて引っ張ります。この症例は幸い、す
ぐに前肢が見つかり引き出すことができました。

・経過・結果

無事に分娩介助をして赤ちゃんヤギが生まれました。赤
ちゃんヤギが生まれたらすぐに羊膜を破り、鼻や口のまわり
を拭い呼吸を確認します。呼吸が確認できない場合はまず体
を逆さまにして軽く振り、鼻や口にたまっている羊水を吐き
出させましょう。そして鼻腔粘膜への刺激と冷水処置などの
皮膚刺激を与え、呼吸を促進します。呼吸が確認できたら一
安心です。母ヤギに赤ちゃんを渡すと体を舐めてお世話をは
じめます。この母ヤギは1頭目の後はスムーズに自分で2頭の
赤ちゃんを無事出産しました。

（3）症例2　2頭目が生まれない　＜側頭位＞

「はじめの赤ちゃんヤギが生まれた後、風船のようなもの
が出てから2時間経過したが次の赤ちゃんヤギが出てこない」
との主訴で診療依頼を受けました。1頭目は順調に生まれた

とのことです。初診時、陰部か
ら羊膜嚢（水風船のようなもの）
が出たまま2次破水が起きずお産
が進んでいませんでした。1頭目
の赤ちゃんヤギは元気で、すで

におっぱいを飲もうとしていました。

・分娩介助

　内診にて、前肢が2本触れましたが、頭が触れません。し
かし、詳しく探してみると頚が曲がって頭が横向きになって
いることがわかりました。この胎位を「側頭位」といいます。

・側頭位とは

　頚が曲がって横を向いて、前肢だけが出てきている状態を
いいます。通常だと、前肢と前肢の間に頭があり、前肢と一
緒に頭も出てきます。しかし、頭が横向きになっていると引っ
かかって生まれません。その為、頭を前肢の間に戻す必要が
あります。前肢2本はすでに陰部から出ていましたが、この
ままでは狭くて頭の向きを直せません。一旦、頭と前肢を奥
へ戻す必要があります。子宮の奥の広い所に肢と頭を押し戻
したら、そこで頭の位置を直します。その後、頭を両前肢の
間に戻します。そして頭の上に手を添えながら両前肢を母ヤ
ギのいきみに合わせてゆっくり引きます。（産道が狭くて頭
の上に手を添えられない時は、頭の後ろからロープをかけま
す）この症例では頭がなかなか前肢の間に戻せず苦労しまし
たが、何とか戻せて無事に生ませることができました。

・分娩介助後の処置とその後の経過

この分娩は1頭目が雄で2頭目が雌でした。母ヤギが分娩後疲れ果てていたので、初乳を絞って、元気な雄子ヤギには哺乳瓶で飲ませました。分娩介助の末に生まれた雌は、呼吸が弱かったので人工呼吸を行い、また吸う力も弱く哺乳瓶では飲めなかったので経鼻食道カテーテルを使って初乳をあげました。この雌子ヤギは生まれてからも頸が曲がったままで立てなかったので、頸にむち打ち症の人がするようなサポーターをつけてまっすぐになるように保持し自力で立てるように補助しました。次の日には自分で立ち上がり、おっぱいを飲めるようになりました。

（4）症例3　陣痛が長い ＜横背位＞

「朝から陣痛がはじまっているが、赤ちゃんが出てこない。とても苦しそうなので来てほしい」との主訴で診療依頼を受けました。ヤギ舎に到着すると母ヤギが苦しそうにうめいていました。陰部からは何も出ていませんでした。

・分娩介助

内診で通常なら、まず前肢か後肢が触れます。しかし今回はどちらの肢も触れませんでした。また、頭が先に出てくる場合もありますが、頭も触れませんでした。いったいどうなっていたかというと、背中が産道にきてつまっている「横背位」という状態でした。

分娩介助は、初めに赤ちゃんヤギを押して奥に戻しました。

産道では狭くて向きが直せないので、赤ちゃんヤギの向きを変えるスペースを確保するためです。奥の少し広いスペースまで押したところで、向きが変わり片方の前肢を触ることができました。そのまま肢先から肩をたどっていくと頭が確認できました。頭をさらに押すともう一つの肢を確認することができました。ここまでで正常な胎位に戻せたので、自分の片手で前肢を確保し、もう片方の手を頭の上に添えて、赤ちゃんヤギを引っ張り出すことができました。

(5) 症例4　若齢での分娩　産道が狭い＜頭部先行＞

　この症例は、成長過程で妊娠してしまい、またお父さんだと思われる雄ヤギの体が大きく難産が予想されていました。そして、分娩前に下痢と食欲不振が続き体力を消耗していました。下痢と食欲不振の治療を続け、帝王切開も検討しながら分娩を待ちました。ようやく食欲がもどり下痢が改善して数日後に「陣痛がはじまったが産まれないので診てほしい」との主訴で診療依頼を受けました。

　・分娩介助

　この症例は、母ヤギの陰部からは赤ちゃんヤギの鼻先が見えていました。これは「頭部先行」という難産の胎位となります。はじめに通常通り頭を押し引っ込めて、両前肢を確保しました。その次に、頭を肢の間におき、後頭部に手を添えて引いて赤ちゃんヤギを出そうと考えました。普通ならこれで赤ちゃんを無事に産ませることができます。しかし、今回はこれではまだ赤ちゃんを出してあげることができませんで

した。なぜなら、母ヤギの骨盤腔がとても狭くて、両肢と頭が同時には通らなかったのです。そこで、まず前肢にそれぞれひもをかけて一旦引っ込めました。次に後頭部にひもをかけます。結び目は口の中につくります。そして産道の狭い部分を先に頭だけ通り抜けてもらいます。その後、頸の隙間から前肢のひもをひっぱり、両前肢を出しました。さらに、外陰部も狭かったので外陰部を手で広げました。何とか無事に生まれたものの、呼吸が弱かったので、水につけてシャワーの皮膚からの刺激で呼吸を誘発するとともに、前肢を開いたり閉じたりして、肺が広がるのを補助しました。その後自分でしっかりと呼吸をすることが確認できたので、子ヤギをタオルにくるみ、少し休憩させた後、母ヤギのケアをして初乳を飲ませました。

参考文献

1) 中西良孝（2005）：めん羊・山羊技術ハンドブック（田中智夫・中西良孝　監修），p48，公益社団法人　畜産技術協会．

16.呼吸器感染症

（1）原因

　細菌感染、ウイルス感染、寄生虫の感染、カビなどの感染が原因となり気管支炎や肺炎が起きます。または人工哺乳や経口チューブで薬を飲ませる際の誤嚥も肺炎の原因となります。

(2) 症状

・食欲・元気がない

・発熱

・鼻汁

・咳

(3) 飼育者ができること

・隔離を行う。

　咳や鼻汁には病原体が含まれているので他のヤギに感染
させない為に、症状のあるヤギを見つけたら隔離します。
また、新しくヤギを導入するときは2週間程度、群には
入れず健康状態を観察しながら隔離して飼育します。

・換気をする。

　冬場でも換気は必要で、換気の悪いヤギ舎では呼吸器感
染症が蔓延し易くなります。

・密飼いを避ける。

・保温をする。

(4) 獣医師の治療

①抗生物質の投与

　呼吸器の症状が出ている場合、ヤギの診療では基本的に
抗生物質の治療が主体となります。直接的な治療法がな
いウイルス感染が疑われる場合も、2次感染や混合感染
による悪化を防ぐ為、抗生物質を使用することがあります。

・パスツレラ感染症[1]

エンロフロキサシン　5mg/kg sid sc

フロルフェニコール 40mg/kg sc

※ウシで10mg/kg（搾乳牛禁止）

ツラスロマイシン 2.5mg/kg

（注意　チルミコシンはヤギには禁忌）

・マイコプラズマ感染症[1]

タイロシン・エンロフロキサシン・ツラスロマイシンなど

・肺虫症

イベルメクチン　など[1]

②解熱剤の投与

デキサメタゾン（妊娠時は禁忌）

メロキシカム

③栄養状態や水和状態を確認し必要な場合は輸液療法

（5）症例

「新しく仲間に入った3頭のうち1頭が鼻水と咳が出ている」との主訴で診療依頼を受けました。初診時、元気消失、膿性鼻汁、発熱40.1℃、咳が見られました。一緒に導入した他の2頭も熱はないものの、鼻水、咳が見られたため、3頭同時に抗生物質による治療を行い飼育者に隔離をしていただきました。2日で熱は下がり、1週間で咳、鼻水の症状は治まりました。しかし、治療中に他のヤギにも症状が見られた為、次回ヤギを導入する際は、健康観察をしながら2週間隔離してから群に入れるように飼育者にお話をしました。

参考文献

1）John Matthews（2016）: DISEASES OF THE GOAT FOURTH
　　EDITION， p 262-263， p 271　WILEY Blackwell.

17. 眼の外傷

（1）原因

　ヤギの目やにや眼の腫れなどは、一緒にいるヤギと遊んで
いるうちに眼をつついてしまう、ケンカで頭をぶつけあう、
草や床材が眼に入る、痒みで柱や柵で眼をかいてしまうなど、
物理的な刺激による感染や炎症が原因となり起こります。

（2）症状

・目やにが出る

・眼が開かない

・腫れている

・眼が白く濁っている

（3）飼育者ができること

・眼の洗浄を行う。

・処方された点眼液の投与を行う。

（4）獣医師の治療

・洗眼

・点眼液の処方（抗生物質入りの点眼剤）1日5〜6回点眼

・場合によっては外科処置

※結膜とは・・・
　上はまぶたの裏の赤いところです。下はあっかんべーをした時の赤い所です。
　角膜とは・・・眼の表面の透明なところです。光を眼に取り込む役割をしています。透明で傷つき易くそして痛みを強く感じる組織です。角膜に傷がつき表面が削られた状態を「角膜潰瘍」といいます。傷が浅い場合には点眼のみで治癒しますが、傷が深い場合は瞬膜フラップまたは眼瞼フラップ術を用いて角膜を覆い保護します。しばらく角膜を覆っておくことで角膜の再生が促されます。

（5）症例
　「ヤギ同士がけんかして眼をケガしている」との主訴で診療依頼を受けました。飼育者からお話を伺うと月齢が近いヤギ同士を同じケージに入れたところ、けんかをして眼をケガしたということでした。初診時、左眼の下眼瞼（まぶたの下側）が縦に切れて、めくれ上がっている状態でした。幸い出血はすでに止まって、角膜などに傷はありませんでした。次に飼育環境、一緒にいたヤギを観察してみました。ケガをしてしまったヤギは無角で、もう一方のヤギは角がありました。確かに、けんかや遊んでいるうちにケガをした可能性もありますが、飼育環境がワイヤーのケージの為、ワイヤーの端などでケガをした可能性も考えられました。治療法として、下

記の方法をお話しさせていただきました。

・外科治療

麻酔をかけて傷を皮内縫合で縫う。

・内科治療

抗生剤の投与で傷の感染を防ぐ。

・点眼

眼の乾燥を防ぐ。

飼育者と相談した結果、このヤギは性別が雄でも雌でもない間性で、成長した後は、出荷を考えているということで、外科治療はせず、抗生剤の投与と点眼で様子を見ながらケアしていくということになりました。注意点として傷自体は治っても、瞬きが以前のようにできない場合、眼の乾燥が起こります。眼が乾燥すると眼の表面の角膜に傷がつき易くなったり、感染の可能性が増加したりします。そのため、傷が回復した後も、経過を見ながら、今後も点眼が必要になる可能性をお話ししました。また、ワイヤーケージは思わぬところで肢をはさんだり、今回のようなケガを引き起こしたりすることがあるので、むき出しになったワイヤーを直したり、隙間の点検をしたりして、今後、ケガが起こらないよう注意が必要であることをお伝えしました。

18.ロープによる首つり事故

（1）ヤギの首つり事故とは

ヤギを繋いで飼育する場合や、除草の為に繋いでおく時に、

ロープが絡まって事故が起こることがあります。また、ケージや小屋で飼育する場合もヤギが、脱走を試みた時に思ってもみないところに首が挟まると首つり事故が起こる場合があります。防げる事故なのですが、とても頻繁に起こるので特に初めてヤギを飼育する飼育者には注意を促す必要があります。

（2）症状

　残念ながら首が絞まって亡くなって発見される場合が多いです。

　しかし、首が絞まっている場合以下の症状がみられます。

・食欲・元気がない

・顔が腫れている

・吐いたものが落ちている

（3）飼育者にできること

・ロープで直接首を縛らないで犬の首輪を使用する。

・結び目にはヨリ戻しのついたナス環をつける。

・見つけたらすぐにロープをほどいて経過観察をする。

（4）獣医師の治療

発見した際は、すぐに首の拘束を解除します。

（5）症例

「顔がぱんぱんに腫れていて吐いたものが落ちている」との主訴で診療依頼を受けました。初診時、顔がパンパンにむくみ、足元には吐物が落ちていました。その後、身体検査をしている時にねじれて1本になっているロープが首を絞めていることを見つけ、すぐに解除しました。顔のむくみは、頸静脈が圧迫された結果と考えられ、夕方には改善しました。

わかってみればとても単純な症例ですが、電話相談や飼育者の主訴だけでは判断がつけられないこと、また実際の現場での診療では、ロープが見えづらい時や雄ヤギでなかなか詳細に検査が難しい時もあります。また、ロープだけでなく首輪が成長に伴ってきつく締まって徐々に不調が現れてくることがあります。見落とし易いため、飼育者とともに診療をする上で獣医師も注意する必要があります。

コラム　ヤギは吐く？

前記の症例では吐物は二次的なことでしたが、ヤギが吐くという時に鑑別すべき疾患があります。

ヤギやウシなどの反芻動物は人間や犬や猫のようには吐きません。

反芻動物は、もともと吐いては飲み込む動作を繰り返しているのです。反芻動物が「外に吐く」という症状は、多くの場合「飲み込めない」という意味になります。また、「涎が出る」という症状も同様です。涎も、常に分泌されていますが、いつもは飲み込んでいるので外には流れ出てこないのです。

飲み込めない原因には、以下のようなものがあります。よくあるのは、食道に何かが詰まったときです（食道梗塞）。草の塊や、胡瓜、大根みたいなものが詰まりやすいので、ヤギに野菜をあげるときは詰まりにくい形に切って与えてくださいね。

- 食道に何か詰まっている（食道梗塞）
- 口のなかに傷がありうまく舌が使えない
- 痛くて口を動かしたくない
- 舌に紐みたいなものが絡まっている
- 口の麻痺を起こす病気（破傷風など）
- 歯が痛い
- 中毒で涎を出している

などです。

19.乳頭損傷 [1)]

（1）乳頭損傷とは

乳頭損傷とは、様々な原因で起こる乳頭の傷や炎症のことです。

（2）原因

①物理的な損傷

- 放牧地の有棘鉄線やワイヤーフェンスで傷つける。
- 密飼いや飼育する部屋が狭くて、自分の乳頭または他のヤギの乳頭を踏む。
- 授乳時に子ヤギが傷つける。

・寒冷感作により乳頭の先が傷つく。

・搾乳機でおっぱいを絞り過ぎる。

②化学的な損傷

・搾乳時の乳頭の消毒の時に消毒剤で皮膚が荒れる。

（3）症状

・乳頭皮膚の外傷

外傷までいかなくても皮膚が荒れているだけでも痛みがあります。痛みがあるとヤギは気になり自分で蹴ってしまいさらに悪化することがあります。

また、傷の深さや場所によってはおっぱいを出すことに障害がです。たとえば、乳頭の先端の傷では炎症から組織が厚くなり管が狭くなることで、おっぱいが出にくくなります。また、乳頭管より上で乳頭が切断された場合はおっぱいが漏れてしまいます。こうした場合、搾乳や哺乳することが難しくなります。

（4）飼育者ができること

・ヤギ舎にゆとりを持たせて自分で踏まないようにする。

・1つの部屋で適切な数のヤギを飼育する。（他のヤギの乳頭を踏むのを防ぐ）

・削蹄をして蹄で傷つけないようにする。

・乳頭の消毒剤は適切な濃度で使用する。

・搾乳機のメンテナンスを行い、整備不良での絞り過ぎを防ぐ。

・おっぱいが大きくて擦れてしまう場合は、ブラジャーを作って着せてあげる。作る場合は乳牛用のブラジャーが参考になります。

(5) 獣医師の治療

・傷の洗浄
・消毒・軟膏の塗布（乳頭を保護する為、ただし殺菌作用のあるものでないと感染を広げる場合があるので注意）
・抗生物質の投与
・外科処置（乳頭管拡張、切開、縫合など）

(6) 症例1　踏創による乳頭損傷

「前回の出産の時、ひどい乳房炎になったヤギが朝からおっぱいを蹴って痛そうにしている」との主訴で診療依頼を受けました。早速、診療に伺うと分娩予定のヤギが、おっぱいを蹴り蹴りしながらヤギ舎の中でたたずんでいました。飼育者にお話を伺うと、前回の出産の時に乳房炎になったのでまだ産前だが心配になって連絡をいただいたとのことでした。初診時、全身状態は良好で食欲・元気もあり、体温39.8℃、聴診にての心音・肺音は異常なし、腹部触診と聴打診でも問題はありませんでした。そして、乳房炎に感染していないか確認する為に乳房の状態を確認しました。出産後のおっぱいをあげていない時期でも、乳房炎にかかることはあります。乳房炎の罹患歴があり、産前ストレス下のためリスクの高い状態でしたが、このヤギの乳房は、左右の乳房ともに熱感や硬

結などの乳房炎の症状はありませんでした。次に乳頭を診てみました。右側の乳頭は異常がありませんでしたが、左側の乳頭に傷があり、硬くなっていました。触るととても痛がっていました。このヤギの乳房は大きく下に垂れている形の為、自分で乳頭を踏んでしまった可能性が考えられました。以上のことから、乳頭損傷と診断して治療をおこないました。はじめに傷口をPVPヨード液で消毒した後に抗生物質の投与を行いました。乳頭が体のどこかにこすれている様子が見られたら、乳房を覆って傷が保護できるようなブラジャーをつけてもらうように飼育者にお願いしました。次の日ご連絡があり、だいぶ痛みが治まっているということでした。抗生物質を処方して経過観察となりました。

（7）症例2　子ヤギの吸引による乳頭損傷

「子ヤギの鼻におっぱいを飲んだ後、血がついているから診て欲しい」との主訴で診療依頼を受けました。ヤギ舎に伺うと、子ヤギが元気におっぱいを飲んでいました。そして、おっぱいを飲み終わった子ヤギの顔を見ると口が血で真っ赤になっていました。すぐに子ヤギを離し母ヤギの診療を始めました。初診時、全身状態は良好、体温は39.2C°、肺音、心音も異常はありませんでした。そして、乳房を見てみると右側の乳房はしぼんでいましたが、左側の乳房は張っていました。その左側の乳頭上の皮膚に直径2cmくらいの円形の傷がありました。

　治療は、症例1よりも傷口が大きいので場合によっては外

科処置（傷をデブリードマンをして縫
合する）も考えられましたが、まずは
希釈したPVPヨード液で消毒して、抗
生物質の投与を行いました。そして、
子ヤギがおっぱいを吸って傷が悪化し
ないように、子ヤギを離して飼育して
頂くことにしました。その後、3日間治
療を続け、傷に痂皮が形成され治ってきたので、消毒を続け
てもらい、最終的に傷が治り、終診となりました。

参考文献

1）小岩政照・田島誉士　監修（2007）：DAIRYMAN　臨時増刊号　テ
　　レビ・ドクター3　乳牛の病気と対処100選，p 156，デーリィマン社.

20.破傷風[1]

（1）破傷風とは

　外傷により破傷風菌の感染が起こることで、菌が産生する
神経毒により、筋肉の緊張や硬直、呼吸困難や痙攣などを引
き起こす死亡率の高い病気です。地域性のある病気ですが、
発症すると治療の難しい病気です。予防が大切ですので、常
在地域では、破傷風トキソイド（ワクチン）が診療で必要に
なります。

（2）原因

　破傷風菌が傷口から体に入ることによって感染します。破

傷風菌は土の中など環境中にいる菌で、そして空気のない所で増える特徴があり（嫌気性菌）、その為、土のついた傷口の中の酸素のない所で増えて毒素を作ります。

　手術や去勢、除角、外傷、または分娩時の損傷や胎盤停滞、赤ちゃんヤギは臍帯の汚染などで感染します。（潜伏期間は通常2〜5日、1〜2週間の時もある）

　しかし、釘などを踏んだ場合など、飼育者の気が付かない小さな傷でも感染する場合があるので、実際はいつ、どこの傷から感染したかわからないことも多いです。

（3）症状

- ・開口困難、咀嚼困難及び嚥下困難　（口が開かない、飲み込めない）
- ・流涎
  咬筋、舌筋、嚥下筋に影響があった場合
- ・慢性鼓脹症
  咬筋の異常によりあい気（げっぷ）ができない場合
- ・瞬膜突出、鼻翼開帳
  眼筋及び鼻筋に影響があった場合
- ・ロボット歩様、呆然佇立
  骨格筋に影響があった場合
- ・急に倒れる、後弓反張
  飼育者の気が付く症状
- ・食欲・元気がない
- ・ふらふらしている

・歩き方がおかしい

・口が開かない

・涎が出る

・痙攣する

（4）飼育者ができること

この病気は届出伝染病ですので、疑わしい時は、獣医師及び家畜保健衛生所に連絡する。

（5）獣医師の治療

残念ながら治癒率は低い病気です。

・抗生物質の連続投与

・抗炎症剤の投与

・対症療法

・常在地域では外傷や出血を伴う処置の時は、予防策として破傷風トキソイドを投与する。

（6）症例

「数日前に自分で除角した。元気がなく倒れている」との主訴で診療依頼を受けました。初診時、すでに起立不能で痙攣しており、口も開かない状態でした。破傷風を疑い、抗生物質の投与、輸液療法などの対症療法をしたものの亡くなりました。ヤギでは破傷風疑いの診療依頼は3年間にこの1例だけでしたが、宮古島は破傷風がウシの診療時では年に数件発生している破傷風常在地です。ウシでは、歩き方が破傷風特

有のものであったりする場合はすぐにわかりますが、たいていの場合、他の病気を除外しながら破傷風の症状がないか診察することになります。特に、「口が開かない」は破傷風を疑うポイントになります。

参考文献

1） 農研機構　動物衛生研究部門　家畜の監視伝染病　破傷風，インターネットホームページより　2022年2月1日参照.https://www.naro.affrc.go.jp/org/niah/disease_fact/t14.html

第 4 章

獣医師が知って
おきたいヤギに
関する法律

1.家畜の監視伝染病について

　家畜の監視伝染病とは「家畜伝染病予防法」に定める伝染病の総称です。家畜伝染病（法定伝染病）と届出伝染病があります。監視伝染病の発生が疑われる場合には、家畜保健衛生所への連絡が必要になります。

（1）ヤギの家畜伝染病（法定伝染病）[1)]
・牛疫
・口蹄疫
・流行性脳炎
・狂犬病
・リフトバレー熱
・炭疽
・出血性敗血症
・ブルセラ症
・結核
・ヨーネ病
・伝達性海綿状脳症
・小反芻獣疫

（2）ヤギの届出伝染病
・ブルータング
・アカバネ病
・チュウザン病

- ・類鼻疽
- ・気腫疽
- ・伝染性膿疱性皮炎
- ・ナイロビ羊病
- ・伝染性無乳症
- ・トキソプラズマ症
- ・山羊痘
- ・山羊関節炎・脳炎
- ・山羊伝染性胸膜肺炎

参考文献

1）農研機構　動物衛生研究部門　家畜の監視伝染病，インターネットホームページより　2022年2月1日参照.

https://www.naro.affrc.go.jp/org/niah/disease_fact/taisho_index.html

2.家畜伝染病予防法に基づく定期報告について

　家畜伝染病予防法では、ヤギを家畜として飼うか否かに関わらず1頭以上飼育していれば、頭数や衛生管理の状況を都道府県（家畜保健衛生所）に毎年報告するよう義務づけられています。また家畜の飼養者は、同法に基づく飼養衛生管理基準の定めるところにより、家畜の飼養に係る衛生管理を行わなければなりません。

　毎年2月1日時点の状況報告書を、4月15日までに家畜保健衛生所に提出します。

　最新の状況は農林水産省のホームページを確認してくださ

い。[1]

参考文献

1) 農林水産省　飼養衛生管理基準について　3.家畜の飼養に係る
   衛生管理の状況等に関する定期報告, インターネットホームペー
   ジより　2022年2月1日参照.

https://www.maff.go.jp/j/syouan/douei/katiku_yobo/k_shiyou/#3

3.家畜伝染病予防法に基づくTSE検査について

　12か月齢以上のヤギが死亡した場合、また以下の症状（脱毛・体のかゆみ・無気力化・麻痺・運動失調・発育不良など）があるすべての年齢のヤギは家畜伝染病予防法に基づき、家畜保健衛生所でTSE検査を受けなければなりません。最新の情報はお近くの家畜保健衛生所で確認してください。

終わりに

　この本は、沖縄県宮古島での3年間のヤギの診療の記録です。ヤギの診療をしてくれる獣医師がなかなか見つからないという声を受け、未経験でヤギの世界に飛び込みました。経験が浅いため、この本に書かれていることはまだまだ十分でありません。ヤギや助けが必要な飼育者の方がどこでもいつでも安心して診療が受けられることを願い、その一助になればと本の製作をすることを震えながら決めました。また、昔の私のように、ヤギの診療に初めて取り組む獣医師の先生や普段ヤギの診療をしない獣医師の先生が病気で困っているヤギをどうにか助けたいという時に、少しでも参考になればと思い製作しました。至らない点があることをご理解・ご容赦いただけましたら幸いです。

　この本を製作するにあたり、ご協力いただきましたみなさまに感謝の気持ちをお伝えして終わりにしたいと思います。

　獣医師としての復帰、そしてヤギを学ぶ道に導いていただきました、沖縄県の下地秀作先生、稲嶺修先生に感謝いたします。ありがとうございました。

　ヤギを学ぶにあたり、独立行政法人家畜改良センター茨城牧場長野支場で実習を受け入れていただきました。個別実習で、基礎から優しく丁寧にヤギについてご教授いただき、ヤギの診療の基礎を作ることができました。ご指導いただきましたこと感謝いたします。

そして、宮古島のヤギの飼育者、ウシの農家のみなさまに御礼申し上げます。みなさまと一緒に向き合った、ヤギやウシの診療の一つ一つが私を育てこの本を作っています。動物と暮らしを共にするみなさまから、私は心を温めるものは何か特別なものでなく、動物との日々の暮らしの中にあることを感じ学びました。

　私のヤギへの取り組みをはじめから最後まで、飼育管理や削蹄、人工授精でお世話になりました根間祐樹さん、そして、私の心の支えになってくださった根間さんのご家族・ご親族のみなさまに心から感謝いたします。どんなときでも温かく見守り、励ましていただいたことずっとずっと忘れません。

　最後に、この本の監修・挿絵を担当してくださり、私を臨床獣医師として育てていただきました内田直也先生に深謝いたします。いつも「できる」と励ましていただいたこと、自分が見たい世界は自分で作ることができるということを学びました。そして、この本が完成しました。ありがとうございました。

　ヤギとウシ、そして飼育されているみなさまが健やかで心温まる日々を送れることを心からお祈りしています。

　必要な誰かにこの本が届きますように。

2022年6月　ある晴れた日に

寺島　杏奈

著者
寺島　杏奈
1977年生まれ　獣医師

監修・挿絵
内田　直也
1978年生まれ　獣医師
株式会社 VET　代表取締役

協力
根間　祐樹
1978年生まれ　家畜人工授精師・削蹄師
ダイワ家畜人工授精所・ダイワ牧場　代表

ヤギの診療

2022 年 7 月 31 日　第 1 刷発行　　2024 年 3 月 13 日　第 2 刷発行

著　　　者 ——— 寺島杏奈
監修・挿絵 ——— 内田直也
協　　　力 ——— 根間祐樹
発　　　行 ——— 日本橋出版
　　　　　　　　〒 103-0023　東京都中央区日本橋本町 2-3-15
　　　　　　　　https://nihonbashi-pub.co.jp/
　　　　　　　　電話／ 03-6273-2638
発　　　売 ——— 星雲社（共同出版社・流通責任出版社）
　　　　　　　　〒 112-0005　東京都文京区水道 1-3-30
　　　　　　　　電話／ 03-3868-3275
印　　　刷 ——— モリモト印刷
Ⓒ Anna Terashima Printed in Japan
ISBN 978-4-434-30490-3